乡村振兴背景下农村生态环境研究

尚振峰　著

U0235340

延吉·延边大学出版社

图书在版编目（CIP）数据

乡村振兴背景下农村生态环境研究 / 尚振峰著

延吉：延边大学出版社 ,2024.7.--ISBN 978-7-230-
06788-1

I.X322.2

中国国家版本馆 CIP 数据核字第 20240JH733 号

乡村振兴背景下农村生态环境研究

著　　者：尚振峰

责任编辑：翟秀薇

封面设计：文合文化

出版发行：延边大学出版社

社　　址：吉林省延吉市公园路 977 号　　　邮　编：133002

网　　址：http://www.ydcbs.com　　　　　E-mail：ydcbs@ydcbs.com

电　　话：0433-2732435　　　　　　　　传　真：0433-2732434

印　　刷：三河市嵩川印刷有限公司

开　　本：787 毫米 ×1092 毫米　1/16

印　　张：11.25

字　　数：200 千字

版　　次：2024 年 7 月第 1 版

印　　次：2024 年 8 月第 1 次印刷

书　　号：ISBN 978-7-230-06788-1

定　　价：58.00 元

前　言

中国是农业大国，农村人口众多，且分布广泛。近年来，随着中国工业化进程的快速推进，城乡之间的差异越来越大，破坏了城乡之间原有的生态平衡。为此，中国共产党第十九次全国代表大会提出了乡村振兴战略，为缩小城乡差距、实现城乡融合发展提供了契机。城乡一体化是城市化发展的内在需要，而加强农村生态治理是实现城乡一体化协调发展的必然要求。因此，基于城市生态治理工作现状，合理统筹推进农村生态治理和环境保护，是全面实现农村现代化的重要保障。

受时代发展、思想观念等因素的影响，过去人们单向过度索取生态资源，自然生态的独特价值遭到否定，自然资源遭到破坏。马克思主义对主客体间的关系进行了辩证揭示，主客体间应该形成互益性关系，而不是主体对客体的单向索取。从人与自然的层面来讲，人们需要充分认识和尊重自然生态环境的独特价值，积极治理与保护乡村自然环境，促使人与自然和谐共生的关系得以形成。

乡村积淀并记录着人类实践活动所形成的历史文化，乡村中的古村古道、老街建筑等已经与自然生态形成了水乳交融的关系。在乡村生态建设过程中，我们既要发展乡村自然生态，又要传承和保护乡村人文生态。

从乡村产业发展角度来讲，要协调处理生态效益与经济效益间的关系，将绿色产业作为发展的方向，避免因单纯追求经济利益而牺牲自然环境的现象。从生活方式角度来讲，需要积极推行绿色、节约、可持续的消费理念，高效利用各类资源，杜绝可能造成环境污染的不良行为，以促使环境友好型社会得以构建。

人们在基本物质需求得到满足后，对生态环境质量日趋关注。因此，要通过生态文明建设战略的深入推行，提供更多优质的生态产品，使人民群众的优美生态环境需要得到满足。就现阶段而言，城乡发展不平衡不仅表现为经济发展存在不平衡，也充分体现在生态环境资源开发、生态治理责任承担中，成为阻碍农村实现现代化的重要因素。通过全面落实乡村振兴战略，大力治理农村生态环境，可以促使农民公正享有生态权益，也会大大激发农民的生产生活积极性。

乡村的发展离不开自然资源的支持。只有夯实乡村振兴的生态基础，才能将乡村振兴所需要的各种生产要素吸引过来。因此，要将绿色发展理念贯穿于乡村振兴实践中，努力实现乡村生态振兴，以便引领乡村产业、文化发展。

只有深入推进乡村振兴，才能实现中华民族伟大复兴。因此，要摒弃过去城乡发展中的零和博弈思维，坚持农村环境保护优先原则，开展城乡一体化建设工作，加大农村生态系统的切实保护与建设，持续提高生态环境质量。

本书共分为六章，对乡村振兴与农村生态环境治理的内涵、生态环境治理相关理论、乡村振兴与农村生态环境治理的关系等进行了阐述，分析了农村生态环境治理现状，从生产环境污染治理、污水治理、生活垃圾治理等方面提出了乡村振兴背景下农村生产环境污染治理的相关方案，旨在为我国农村生态环境治理提供一些建议。

本书是 2019 年中国山东省社会科学规划习近平新时代中国特色社会主义思想研究专项：新时代乡村振兴背景下山东农村生态环境治理问题及对策研究（19CXSXJ25）的研究成果。

目　录

第一章 乡村振兴与农村生态环境治理概述

生态文明是人类进入工业文明以来所面临的重要现实问题。当今社会，时代的主题仍旧是和平与发展，人类社会主要谋求经济的发展进步，但同时面临着许多现实困惑。其中，最为突出的问题是生态环境恶化和资源压力不断加大。随着改革的全面深化、现代化建设的全面推进，中国也面临着严重的生态环境问题，特别是在农村地区。农村生态环境恶化严重制约了农业稳产增收和农村现代化进程。由此可见，农村生态环境治理问题是"三农"问题中一个非常重要的内容，也是当前中国面临的一个不可回避的问题。中国共产党第十八次全国代表大会以来，党中央开展了一系列基础性、开拓性、长期性工作，提出了一系列新思路、新战略，形成了习近平生态文明思想。中国共产党第十九次全国代表大会报告提出了一系列加快生态文明体制改革、建设美丽中国及乡村振兴战略的新举措，并强调在推进生态文明建设和环境治理的新农村建设中，要特别重视农村的环境治理问题。

第一节　乡村振兴与农村生态环境治理的内涵

一、乡村振兴的内涵

中国共产党第十九次全国代表大会指出，农业农村农民问题是关系国计民生的根本性问题，必须始终把解决好"三农"问题作为全党工作的重中之重，实施乡村振兴战略。之后，中共中央、国务院提出了实施乡村振兴战略的"七条路径"，以实现产业兴旺、生态宜居、乡风文明、治理有效、生活富裕。乡村振兴战略将乡村发展上升到战略高度，是对社会主义新农村建设的全面升级。这个战略用"产业兴旺"替代"生产发展"，用"生态宜居"替代"村容整洁"，用"治理有效"替代"管理民主"，用"生活富裕"替代"生活宽裕"，突出在生产发展基础上完善产业体系，要协调好农村各种各样的利益关系，使农村提高经济发展水平。2018 年，《中共中央、国务院关于实施乡村振兴战略的意见》明确阐述了新时代实施乡村振兴战略的重大意义和总体要求，并明确了阶段性的目标任务：到 2020 年，乡村振兴取得重要进展，制度框架和政策体系基本形成。到 2035 年，乡村振兴取得决定性进展，农业农村现代化基本实现。农业结构得到根本性改善，农民就业质量显著提高，相对贫困进一步缓解，共同富裕迈出坚实步伐；城乡基本公共服务均等化基本实现，城乡融合发展体制机制更加完善；乡风文明达到新高度，乡村治理体系更加完善；农村生态环境根本好转，美丽宜居乡村基本实现。到 2050 年，乡村全面振兴，农业强、农村美、农民富全面实现。

二、农村生态环境治理的内涵

生态是指生物与生物之间以及生物与环境之间的相互关系和存在状态。《中华人民共和国环境保护法》（以下简称《环境保护法》）所称的环境，是指影响人类生存和发展的各种天然的和经过人工改造的自然因素的总体，包括大气、水、海洋、土地、矿藏、森林、草原、湿地、野生生物、自然遗迹、人文遗迹、自然保护区、风景名胜区、城市和乡村等。生态环境是指由生物群落及非生物自然因素组成的与人类活动密切相关的各种生态系统所构成的整体。生态环境如果遭到损害，人类生活环境最终会恶化，影响人类的生存与发展。

随着经济社会的发展，人们对生态环境治理主体的认识也发生了变化，农村生态环境治理的定义会逐渐趋向完善和全面。20世纪，大部分学者认为政府是生态环境治理的主体，之后慢慢地把企业也列为主体，后来又增加了相关机构和群众。农村生态环境治理的主体演变也是相同的，是政府、农民、企业和相关社会机构一起参与进来，通过各式各样的方法手段，减少对生态环境的破坏，并针对已破坏的环境进行修复，进而使农村生态环境更加优美，更加适宜人居。多年来，中国针对农村生态环境治理开展的大规模村庄连片整治、美丽乡村建设，以及现在的乡村振兴战略，都是在改善农村生态环境。所以，农村生态环境治理是治理在农村生态环境这个特定区块的具体体现。

第二节　生态环境治理的相关理论

一、人居环境理论

一般情况下，我们将人类集聚生产生活的区域称为人居环境。人居环境是人类生活居住、工作劳动、休息游乐和社会交往的空间或场所，涵盖人类所有的聚居形式。人居环境理论将乡村、城镇、城市等人类聚居的全部形式作为研究对象，重点研究人与环境之间的相互关系。中国科学院和中国工程院两院院士吴良镛认为，人居环境包括人类能够涉足，并从事各类活动的一切地表空间。同时，这个空间也能够为人类的生产生活提供支撑。他把人居环境分为五个系统：自然系统、人类系统、居住系统、社会系统和支撑系统。人居环境的形成是人类社会不断变化、不断发展的结果。在这个过程中，人类从被动地顺应自然、依赖自然，到了解自然、熟悉自然、逐步利用自然，再到发挥自身主观能动性改造自然，从而满足自己的需求。人居环境的演化过程表现为从自然环境向人工环境发展，从次一级人工环境向高一级人工环境发展。从层次结构上看，发展表现为散居、村、镇、城市、城市带和城市群等。

随着人口增长和人类对自然的过度索取，人居环境的压力迅速增大。各国的人居环境都面临着拥挤、基本服务提供不足、环境污染等一系列问题。农村人居环境可以解释为在农村这个特定的范围内，能够影响到人类生产生活质量的全部要素。农村地区住户分散，环境复杂，基础设施建设落后，难以做到集中管理，农民环保意识薄弱，环保工作长期缺位。根据乡村振兴战略的要求，结合工作实际，本书所指的农村人居环境主要包括农村生态环境保护、农村基础设施建设、农民居住条件和农村经济发展情况。做好农村生态环境治理工作、改善农村人居环境、提高农村生态环境质量、提升农村人居环境水平是实现乡村振兴战略的关键一环。

二、可持续发展理论

可持续发展的思想萌芽可以追溯到 20 世纪 60 年代。1962 年，美国海洋生物学家蕾切尔·卡逊发表了科普著作《寂静的春天》，深刻揭示了化学杀虫剂的滥用对生物界和人类的致命危害。此书如一声惊雷，使得人们惊醒并关注环境问题。此后，很多学者开始研究经济增长、社会发展与环境的关系，各种观点和学说不断涌现。其中比较有影响力的有 1966 年美国经济学家肯尼思·E. 鲍尔丁提出的"宇宙飞船经济理论"，向人们说明了经济发展中生态问题的严重性。1968 年，罗马俱乐部成立，它是一个关于未来学研究的国际性民间学术团体，主要研究人口、资源、环境、污染、贫困、教育等全球性问题。1972 年，罗马俱乐部发表了第一份研究报告《增长的极限》，指出经济增长不可能无限持续下去，世界将会面临一场"灾难性的崩溃"，并提出了"零增长"的对策性方案。该报告一经发表便引起了强烈反响，并在世界范围内掀起了一场激烈的、旷日持久的大辩论。一般认为，由于缺乏足够的科学依据，《增长的极限》的观点带有悲观色彩，其结论也值得商榷。但该报告的积极意义也毋庸置疑，它向人类揭示了资源环境问题的现实性和紧迫性，其中所论述的"合理的、持久的均衡发展"正是可持续发展思想的雏形。

1972 年，联合国在斯德哥尔摩召开了人类历史上第一次环境会议——联合国人类环境会议，这是人类第一次将环境问题纳入世界各国政府和国际政治的事务议程，被认为是人类对环境与发展问题认识的一个里程碑。1980 年，由世界自然保护联盟（IUCN）、联合国环境规划署（UNEP）、野生动物基金会（WWF）共同发表的《世界自然保护大纲》首次明确提出了"可持续发展"的概念。1983 年，联合国成立了世界环境与发展委员会（WCED），以审查世界环境和发展的关键问题，并帮助国际社会制定解决这些问题的途径和方法。1987 年，该委员会向联合国大会提交了经过专家组三年多深入研究和充分论证的研究报告——《我们共同的未来》，正式对"可持续发展"的内涵做了明确界定和深入阐述。

1992 年，在巴西里约热内卢召开的联合国环境与发展大会（UNCED），为人类的可持续发展树立了又一座重要的里程碑。大会通过了两个纲领性的文件——《里约环境与发展宣言》和《21 世纪议程》，可持续发展得到了世界最广泛和最高级别的政治承诺，标志着可持续发展由理论和概念走向行动，拉开了世界进入可持续发展时代的实践序幕。

在中国，可持续发展的思想可以追溯到中国的古代文明，"天人合一"的哲理和"人地共生"的长期社会实践使得人与自然的关系保持着高度的和谐统一。

到了现代，同世界其他国家一样，中国在可持续发展道路上也走过一段弯路。刚刚成立的中华人民共和国积贫积弱，面临严峻的经济形势，中国共产党开始领导人们迅速恢复国民经济。但漠视自然规律和经济规律的经济发展带来了沉重的代价，对自然资源和环境造成了严重破坏。1972 年，中国派代表团参加联合国人类环境会议，这次会议无疑是一次意义深远的环境保护启蒙教育，使人们开始意识到中国环境问题的严重性和紧迫性。1973 年，中国第一次环境保护会议于北京召开，会后立即成立了国务院环境保护领导小组，该会议推动了中国环境保护工作的开展，迈出了中国环境保护事业关键性的一步。

三、习近平生态文明思想

（一）生态文明建设

从人类文明发展的过程来看，生态文明是经过一定历史时期之后到达的一个新的发展阶段。它是人类遵循和谐发展的客观规律而取得一定发展成果的总和，是以人、自然、社会之间共存共生、平衡循环、发展繁荣为基本追求的社会形态。从人与自然和谐共处的角度来看，生态文明是人类为改善生态环境而取得发展成果的总和，是贯穿于社会发展的全过程和各方面进步的系统工程，它反映了社会文明系统改善的状态。人类改造物质的本质是为了获得更加美好的生活，在改造自然界的过程中，对待人与自然的关系应采取何种态度值得我们深入地思考，要如何行动才能降低人对生态环境带来的不良影响、促进人与自然之间的和谐共生。生态文明是社会发展进步的归宿，它遵循客观的社会发展规律，它合理地处理社会要素之间的关系，它利用必要的发展方式实现全面系统的发展。在发展的进程中，要让未来具有持续进步的空间。

生态文明建设是中国特色社会主义"五位一体"总体布局的重要组成部分，建设的好坏关系到民族复兴的伟大事业，因而具有更加深远的意义。生态文明建设是人类自愿发挥主观能动性和积极性来保护自然的实践行为，它包含以下几方面内容：第一，在追求经济发展维度的基础上，充分考虑多维发展思路，增加生态的标尺，让经济打上绿色发展烙印。第二，要树立正确的生态理念。行为需要理念的指导，要让人们爱护环境，遵守生态规则，树立环保意识。第三，要促进生态建设法治化。把生态行为纳入法律的约束中，让法律更好地引导生态建设。第四，要改善环保社会监督机制。让国家更好地督导生态建设，让社会舆论更好地追踪生态行为。

（二）习近平生态文明思想的核心

1. 社会主义生态文明建设要解决"为何、为谁"的问题

20世纪以来，完成了工业化的资本主义国家经过几十年的治理反而使资本主义国家生态环境改善和全球性生态危机蔓延的矛盾愈加激化，归根结底是资本主义国家对利润的追求。与之形成鲜明对比的是，中国社会主义生态文明建设着眼于促进经济社会的可持续发展，着眼于经济利益、社会利益和生态利益的协调，回应了实现中华民族伟大复兴中国梦的需求，回应了广大人民群众日益增长的优美生态环境需要。"建设生态文明，关系人民福祉，关乎民族未来"，习近平生态文明思想是以维护国家利益、民族利益和人民利益为目标的。

生态文明建设不仅关乎经济社会的可持续发展，也是关系党的使命宗旨和人民福祉的重大政治和社会问题。回顾中国历史，生态环境与国家兴衰的周期变动呈现高度的契合性。在生态环境改善的年份，国家发展较为稳定，这充分地表明了生态环境的安全稳定是国家经济发展和兴旺发达的重要条件。

社会主义生态文明建设是以人民为中心、适应中国社会主要矛盾的转变、不断满足人民对美好生活的向往的必然选择，同时也符合中国社会主义制度的本质特征。习近平总书记相继提出了"生态环境问题是利国利民利子孙后代的一项重要工作""环境就是民生，青山就是美丽，蓝天也是幸福""为子孙后代留下天蓝、地绿、水清的美丽家园"等一系列近民意、贴民心的论断。习近平总书记把中国特色社会主义生态文明建设的大格局和人民群众的实际需求有效对接，诠释了社会主义生态文明建设的根本出发点和目标宗旨。

2. 社会主义生态文明建设要解决"是什么、干什么"的问题

国家治理是为社会制度服务的，生态文明建设是国家治理的重要组成部分。因此，不同的社会制度会产生不同的生态环境治理需求，形成不同性质的生态文明价值。当今世界，社会主义制度与资本主义制度并存，虽然目前资本主义依然表现出强劲的生命力，但不能因为资本主义发展得相对成熟就对其治理方式全盘接受。中国特色社会主义是对科学社会主义理论的原创性发展，习近平总书记强调："中国特色社会主义，既坚持了科学社会主义基本原则，又根据时代条件赋予其鲜明的中国特色。这就是说，中国特色社会主义是社会主义，不是别的什么主义。"这是中国人民在经历了不断探索、不断尝试后选择的植根于中国大地、反映中国人民意愿、能解决中国前途和命运的科学社会主义。生态文明建设是在中国特色社会主义现代化建设进程中探索而生的，因此，习近平生态文明思想所界定的生态文明是社会主义生态文明，不同于其他主义的生态文明。

生态文明建设是中国特色社会主义事业总体布局的重要组成部分，是关系中华民族永续发展的根本大计。中国共产党第十八次全国代表大会把生态文明建设纳入了中国特色社会主义事业"五位一体"总体布局，并首次把"美丽中国"作为生态文明建设的宏伟目标，把"中国共产党领导人民建设社会主义生态文明"写入党章，生态文明建设崇高的战略地位得以明确，全面建成小康社会和转向高质量发展进程中，生态环境质量成为关键的衡量标准；党的十八届四中全会提出要用严格的法律制度保护生态环境；党的十八届五中全会把绿色发展作为五大发展理念之一；2015 年，中共中央、国务院印发了《生态文明体制改革总体方案》，全面部署生态文明体制改革；2018 年 3月生态文明正式写入宪法，确立了其法律地位和效力。生态文明建设有了明确的领导力量、战略举措、实施方法，成为支撑中国特色社会

主义事业的坚实支柱。

社会主义生态文明建设是中国人民对美好生活的憧憬。作为对满足人民对美好生态环境和生态产品需要的回应，中国共产党第十八次全国代表大会以来，习近平总书记在多个场合生动而具体地描绘了人民的这一需要："天更蓝、山更绿、水更清""留得住绿水青山，记得住乡愁""让子孙后代既能享有丰富的物质财富，又能遥望星空、看见青山、闻到花香"。要实现这样的梦想和目标，就要追求人与自然的和谐；就要追求绿色发展繁荣，笃信"绿水青山就是金山银山"，以绿色发展促进生产力的飞跃；就要追求热爱自然的情怀，让社会生活洋溢着生态文化，把自然价值理念融入个人价值观，形成深刻的人文情怀；就要追求科学的治理精神，形成综合治理的治理方式；就要追求携手合作，把生态文明理念在一荣俱荣、一损俱损的人类命运共同体中不断传递，努力实现联合国 2030 年可持续发展目标。

3. 社会主义生态文明建设要解决"谁来干、怎样干"的问题

怎样建设生态文明是指如何把生态文明建设思想从理论落实到中国特色社会主义现代化建设实践层面中来。生态文明建设是我们这个时代面临的现实而紧迫的问题。习近平总书记指出："要清醒认识保护生态环境、治理环境污染的紧迫性和艰巨性，清醒认识加强生态文明建设的重要性和必要性，以对人民群众、对子孙后代高度负责的态度和责任，真正下决心把环境污染治理好、把生态环境建设好，努力走向社会主义生态文明新时代，为人民创造良好生产生活环境。"中国生态环境破坏和污染问题是长期累积而成，根深蒂固，不仅要解决表面的环境污染问题，更要破除造成环境污染和破坏的制度性根源。要充分发挥中国生态文明建设理论的先进性和前瞻性，关键还是要落实在实践上。习近平生态文明思想不是空洞的口号和虚无缥缈的哲学抽象，而是当前和今后一个时期中国生态文明建设的顶层设计、制度架构和政策体系。

2018 年，习近平总书记在全国生态环境保护大会上提出了新时代推进生态文明和美丽中国建设必须坚持的"六项原则"，系统地对中国特色社会主义生态文明建设"怎样干，谁来干"进行了总体部署。这"六项原则"以人与自然的关系为主线，以绿色为工具手段，以"两山"为约束，以系统治理为空间，以制度改革和法治建设为保障，以全球环境改善为使命，构建了系统性、立体化的"横拓纵延"的生态环境建设大格局。习近平生态文明思想体现了马克思主义唯物辩证法的两点论和重点论的统一，既对中国生态环境治理进行了全面部署，又抓住了主要矛盾和矛盾的主要方面有重点分阶段地有序推进；既看到了中国生态文明建设取得的成效，又看到存在的问题，把突出的关键性问题摆在首要解决的地位。生态文明建设已经被纳入中国社会主义现代化建设和中华民族伟大复兴的战略安排，这是抓住了主要矛盾；中国共产党第十九次全国代表大会报告提出，要突出抓重点、补短板、强弱项，特别是要坚决打好防范化解重大风险、精准脱贫、污染防治的攻坚战，使全面建成小康社会得到人民认可、经得起历史检验，这是抓住了当前生态文明建设矛盾的主要方面。具体的战略措施包括：加快构建生态文明体系，实现生态领域国家治理体系和治理能力现代化；全面推动绿色发展；打赢蓝天保卫战，实施水、土壤污染防治行动计划，开展农村环境整治；建立系统环境风险防范体系，有效维护生态环境安全；加快推动生态文明体制改革落地生效；引入市场机制，综合运用多种政策手段提高环境治理水平等。这些具体行动体现了生态文明建设近期与远期、整体与部分、供给与需求、政府与市场、国内与国际的有效结合，体现了生态文明建设的整体性和系统性。

此外，要加强党对生态文明建设的领导，各地区各部门要坚决担负起生态文明建设的政治责任。党的领导是确保生态环境保护落到实处和取得成效的关键，有效地规范了生态文明建设。生态文明建设既是为了广大人民，同时也要依靠广大人民。习近平生态文明思想强调，通过加强生态文明宣传教育，强化公民环境意识，团结和发动最广大人民群众的积极参与，使环境保护成为公民的自觉行动。

第三节　乡村振兴与农村生态环境治理的关系

一、乡村振兴背景下农村生态环境治理的特点

乡村振兴的过程是依托乡村这个综合开放的社会区域进行的，它自身包括经济方面、社会方面和生态方面的三个系统，这三个系统相互作用、相互影响。综合开放的社会区域性特性决定了农村生态治理需要采用多元共治的方法。《中共中央、国务院关于实施乡村振兴战略的意见》将"人与自然和谐共生"作为基本原则，要求统筹山水林田湖草系统治理，以绿色发展引领乡村振兴。农村生态环境治理目前呈现出现状复杂性和治理内容关联性的特征，只有采取系统治理这一科学的治理方法才能实现生态方面与其他方面的相互作用。

（一）农村生态环境治理现状呈现复杂性

从环境污染防治和自然资源保护两方面对农村生态环境治理现状进行分析，可以看出目前农村生态环境治理面临的形势十分严峻。1974 年，经济合作与发展组织将环境污染的定义限定于人类活动所导致的环境变化之中。农村的环境污染按照人类的活动所产生的结果来划分，主要体现在生活污染和生产污染两方面，生活污染方面尤以生活垃圾和生活污水为突出。目前，我国农村人居环境总体质量水平不高，还存在区域发展不平衡、基本生活设施不完善、管护机制不健全等问题，与农业农村现代化要求和农民群众对美好生活的向往还有差距。农村粗放式的污水排放方式、简陋的管网设置、相对薄弱的环

保意识、环保设施设备建设投入及维护不足是导致农村生活污水处理收集率低下的原因，最终导致生活污水形成露天径流，造成生活居住环境逐步恶化。畜禽养殖对活跃农村经济、增加农民收入发挥了重要作用，但是在农民环保意识差、监管力度弱的情况下，农村畜禽养殖所导致的畜禽粪便渗漏影响地下水源，饲料残渣污染环境的情况日益严重。乡镇企业在农村经济发展过程中发挥了促进作用，但不能忽视的事实是，大部分乡镇企业治理污染的设备水平和技术层次都较低，对农村环境产生严重的污染。此外，随着城市环保意识的觉醒和工业化进程的加快，许多污染企业出现了向农村转移的趋势，这进一步加剧了农村的环境污染问题。

面对农村复杂的治理现状，应当双管齐下：一方面，应当采用生态系统方法开展重点领域重点防治，通过对农村水污染和固体废弃物倾倒的治理实现对农村生态资源的重点难点防治，实现农村生态资源的可持续利用，对整个农村生态环境治理实现纲举目张之功效；另一方面，对农村林地资源、渔业资源、野生动植物资源、土地资源等开展全领域资源保护与管理，实现农村整个生态系统的全面协调治理。全面保护和管理是从科学不确定性的角度出发，应用生态系统方法，将农村整个资源看作一个动态复合体，全面认识各个资源的功能和作用，实现风险预防，降低治理成本。

（二）农村生态环境治理内容呈现关联性

从农村生态环境治理主体来分析，政府、企业和农民三者利益呈现相关性。当今，国家治理能力不断加强，政府在农村生态环境治理中应当发挥主导作用，由农民独立承担生态环境治理的责任不符合公平的发展理念。但是，农民是乡村振兴战略的实践者和受益者，必须发挥农民在乡村生态环境治理方面的主观能动性，使广大农民群众亲身参与治理，监督政府行为，从而不断提高生态环境治理意识，积极参与到生态环境治理的工作中。企业在活跃农村经济进程中发挥了重大作用，企业需要平衡经济收益和生态环境两者之间的关系，在政府的引导和支持下改进工艺、清洁生产，实现经济和生态环境的协调发展。只有将利益相关的治理主体放置于一个共同的复合体系之中，才不会出现利益失衡、顾此失彼的现象，由此避免农村生态污染的加剧和资源管理的失衡。

习近平总书记多次强调："山水林田湖草是生命共同体，要统筹兼顾、整体施策、多措并举，全方位、全地域、全过程开展生态文明建设。"可见，从农村生态环境治理对象来看，山水林田湖草是一个生命共同体的理念，是对综合生态系统方法理论的通俗表达，一个生态单元造成的破坏对整个生态系统都会产生重要影响。农村突出问题——污水排放和生活垃圾对山水林田湖草均会产生连锁效应，最终对农村生态系统乃至全国生态系统造成破坏。农村生态环境与农村经济发展、农民生活水平和精神风貌都密切相关，农村生态环境治理的内容和效应与农村发展息息相关，必须采用生态学方法，注重农村生态环境治理的整体性和关联性。

二、农村生态环境治理是乡村振兴的内在要求

中国处于社会主义初级阶段前期时，社会的主要矛盾是人民日益增长的物质文化需要同落后的社会生产之间的矛盾。而随着改革开放的深入，进入新时代，社会主要矛盾逐渐转化为人民日益增长的美好生活需要和不平衡不充分的发展之间的矛盾。因此，在发展中就需要特别注重经济建设、政治建设、文化建设、社会建设、生态文明建设"五位一体"总体布局，来满足人民全方位日益增长的需求，实现人的全面发展与社会的全面进步。对农民而言，优美的生态环境就是美好生活需要的一个重要部分，农村美不美、环境好不好直接关系到农

民生活质量的提高。中国共产党第十九次全国代表大会适时提出乡村振兴战略，就是为了实现农村美、农业强、农民富，满足农民群众对美好生活的需要。要实现乡村振兴，农村美是基础。农村美就是生态宜居，就是对脏乱差的环境进行整治，对被污染的水土进行修复，对优美的环境进行保护。没有良好的生态环境，就谈不上产业兴旺，谈不上真正的生活富裕，也达不到乡风文明和治理有效的要求。农村生态环境与人文风貌被治理好后，农村才能实现真正的振兴。因此，农村生态环境治理是乡村振兴的内在要求。

三、乡村振兴推动农村生态环境治理

《中共中央、国务院关于实施乡村振兴战略的意见》中指出："乡村振兴，生态宜居是关键。"这为农村生态环境治理提供了崭新的契机以及良好的社会环境。同时提出了"财政优先保障、金融重点倾斜"原则和加快形成"社会积极参与的多元投入格局"，为农村生态环境治理提供了人力和财力的保障。要想使相关人才和社会资本主动来到农村投身乡村振兴事业，首先要有良好的生态环境。因为当前人们对物质生活的追求越来越高，高品质的物质生活包括优良的生态产品和良好的生态环境。另外，社会资金和人才参与乡村振兴大多会选择生态农业和生态旅游，如休闲生态园、种植观光园、疗养中心、特色小镇和民宿客栈等，这些行业和产业本身就需要优美的农村生态环境作为基础，并且还会对农村生态环境进行进一步的治理、保护和开发利用。因此，乡村的振兴不会以牺牲生态环境为代价，而是以良好生态环境为平台，严格按照绿色发展要求，建设宜居宜业和美乡村。

第二章　农村生态环境污染与治理现状

第一节　农村生态环境污染现状

一、农村生态环境污染的来源

由于农村区域经济增长方式的粗放、地方经济利益的驱动以及对生态环境价值的忽视等，农村的发展在很大程度上是靠牺牲生态与资源环境为代价而取得的。环境为人类的生产生活提供自然资源，反过来，人类在生产与生活中对资源的不合理利用又会对自然环境产生破坏与污染。农村生态环境质量的变化主要包括在资源利用过程中水土资源在数量和质量上的变化所引起的生态服务功能的变化、生产活动的加强及生活方式的改变对水土环境和大气环境的影响等。

（一）资源配置

环境污染是当今社会最为严峻的问题之一。不可否认，随着工业化和城市化的发展，环境污染问题日益突出。同时，也需要关注如何合理配置有限的资源，以满足人类的需求。

一方面，环境污染与资源配置密切相关。环境污染往往是由资源的不当使用而导致的。随着人口的增长和经济的发展，社会对能源、水资源、土地等的需求也在不断增加。然而，当资源配置不合理时，就会引发环境污染。例如，过度开采能源资源导致空气和水污染的问题。资源的过度使用不仅对环境造成破坏，还威胁到可持续发展。

另一方面，环境污染给资源配置带来挑战。当环境受到污染时，资源的可用性会受到限制。空气和水污染会影响农作物的生长，导致农田荒芜。土地污染会使农作物产量下降，从而影响食品供应。此外，环境污染还影响人们的健康，增加医疗资源的需求。这些因素都会对资源配置造成困扰，使其更具挑战性。

在城镇化进程中，劳动力、资源及产品等要素的相互流动与聚集，导致城乡水土资源遭到破坏，如开发区、工业园、大学新区的大量建设使优质耕地资源被挤占。随着城镇就业机会和收入的增加，农业生产成本的提高和农业收入的降低，农村人口逐渐向非农化转移，导致农村空心化、宅基地闲置空废与土地撂荒等问题。总的来说，土地资源破坏和污损使土地质量不断下降；农村住宅的分散布局与废弃院落的破败荒芜破坏乡村景观。从水资源方面来看，中国人均水资源占有量低，但水资源浪费、水资源利用效率低下及污染问题严重，导致水资源危机和生态环境质量下降。中国农业灌溉利用系数仅有 0.3～0.4；工业万元产值用水量是发达国家的 10～20 倍，而且重复利用率低；生活用水跑、冒、滴、漏损失率为 15%～20%；农业与工业生产、居民生活引起水质污染问题严重。矿产资源是工农业的物质基础，由于开采力度不断加大，矿山开采对土地和生态环境造成了严重的破坏。地形地貌与景观破碎化极易诱发泥石流、荒漠化等次生环境灾害；矿山废弃土地质量低下，重金属离子污染土壤，进入食物链后对人体造成严重危害。乡村地区的秸秆资源丰富，但资源化利用率较低，大部分农作物秸秆直接焚烧，不仅造成氮、磷、钾等营养元素的资源浪费，而且焚烧产生的大量气态污染物（CO、SO_2、NOx 等）及颗粒物，容易引起大面积的空气污染。

（二）生产活动

农村支持城市、农业支持工业的发展方式，使得农村成为城市与工业发展的主要资源和原产品供给地。农业、畜牧业、水产养殖业等生产活动的加强，加重了乡村区域的生态环境压力。为提升土地产出率，农民过量使用肥料和农药等生产资料，多余的肥料和农药随降水或灌溉，通过农田地表径流、农田排水和地下渗透进入附近水体，引起水体污染。畜禽养殖业作为乡村经济的支柱产业，养殖规模和粪便污染物质产生量不断增加。为满足水产品的需求，水产养殖密度超过了水体容量，大量的残剩饵料、肥料和生物代谢产物累积，降低了水体的自净能力，排出后导致周边水域氮磷负荷加重。《第一次全国污染源普查公报》显示，农业生产（含畜禽养殖业、水产养殖业与种植业）排放的氮、磷和化学需氧量等，已远超过工业源与生活源，成为污染源之首。此外，随着城市环保政策法规的逐渐加强，一些耗能高、污染重的企业转移到乡村地区，工业的废弃物或垃圾也排放到乡村地区，使得部分乡村区域环境质量低于城市。

（三）生活方式

随着农村发展、农业生产和农民生活水平的升级，农村的生活方式发生变化，生活垃圾、生活污水、旱厕粪水的持续增长及排放不当等问题受到广泛关注。农村地区生活垃圾的主要来源包括餐饮垃圾、日常消费产生的包装物和残余物、淘汰的生活用品，清扫产生的垃圾以及农业生产垃圾。农村生活污水主要来源于居民日常生活（厨房、生活洗涤和冲洗厕所）产生的污水。厨房刷锅、洗碗洗菜等产生的污水含有动植物脂肪、醋酸、碘、钠、氯等有机元素，使用洗衣粉、肥皂、洗发水等洗涤剂进行洗涤产生的污水中含磷等化学元素，排放后加重土壤和水环境的负担。农村旱厕以及厕所改造后缺少相应的处理设施，粪水中的细菌、寄生虫卵、氮、磷等对乡村水质、土壤和空气产生污染。

二、农村生态环境污染的类型

（一）淡水资源稀缺

目前，中国可使用的淡水资源其实非常少，人均淡水资源拥有量仅为世界平均水平的1/4，同时，较多地区的水资源因为各种原因并未得到有效的开发利用，形成了非常严峻的淡水资源短缺问题。另外，在农产品的培育过程中，许多农村地区因为自然条件有限，只能进行人工抽水灌溉，而毫无节制的地下水超采也在不断地影响着淡水资源。除此之外，随着国家经济的不断发展，工业废弃物的排放和农业农药、化肥的滥用也大大影响了水资源的质量。

（二）过度使用化肥

许多农民对化肥缺乏真正的了解，导致在施肥过程中无法很好地控制化肥的使用量，过多的肥料不能被农产品吸收，会直接对土壤造成破坏，也会引起水污染及空气污染。长此以往，土壤结构越来越差，农作物种植越来越困难，农产品的产量和质量也会降低。例如，不合理施用氮肥就会造成水体硝酸盐含量超标，水体富营养化，造成水体污染；会造成土壤养分失衡，地力下降，影响农作物的产量和质量；还会造成大气污染，如形成氮氧化物，破坏臭氧层。

（三）地膜污染

近年来，全国地膜的使用率比较高，特别是在温度比较低的地区以及棉花种植区，地膜的使用率会更高。使用过后的地膜如果没有进行回收处理，就会对土壤、水体和生物造成不利影响。一是破坏土壤结构，影响耕地质量和土壤的透气性、透水性等，造成土壤含水量下降，耕地的抗旱能力较差，甚至导致地表水难下渗，引起土壤盐碱化等严重后果；二是影响农作物出苗，如播种时种子播入残留地膜上，很可能会导致种子无法扎根，最终霉烂；三是影响农作物对水分、养分的吸收，影响土壤微生物活动和正常土壤结构形成，最终降低土壤肥力水平，影响农作物根系的生长发育，导致作物减产；四是对牲畜有害，牲畜吃了带有地膜的饲料后，会引起消化道疾病，导致死亡；五是造成化学污染，农户在焚烧多余秸秆时，将地膜一起焚烧，地膜在高温下产生的有害物质会直接溶解在土壤中，对土壤造成严重污染，生产出的农产品危害人身体健康，释放出的有毒气体会直接污染大气。尤其是土壤中残膜的不断累积，不但破坏了耕作层土壤结构，而且阻碍了水肥输导，影响土壤通透性和作物生长发育，对农业生产及农业环境构成了重大威胁。

（四）生活垃圾污染

"互联网+"、农村电商的发展，推动了我国农村经济的快速发展，农村居民的消费水平不断提高。农村生活垃圾的主要构成由传统的易降解性向现代的不易降解性发生转变，产生量逐年攀升。然而与城市生活垃圾相比，一直以来，农村生活垃圾的综合管理并没有得到足够的关注与重视。由于居住相对分散，生活垃圾集中处理成本很高，许多农村地区既没有指定的垃圾堆放场所，也没有专门的垃圾收集、运输和处理系统。农民在村落的空地、沟渠、河道和路边随意倾倒垃圾，即便是有所处理，方式也极为简单，如焚烧、掩埋、堆积等。这些简单的处理方式会对土壤、河流产生二次污染，进而对农民身体健康和食品安全带来了不利影响。

（五）畜禽废弃物污染

为了创造更多的经济效益，当前许多农民开始进行规模较大的畜牧养殖。有新闻报道，部分畜牧养殖人员因畜禽废弃物没有得到妥善处理而遭到周围居民投诉，这就出现一个问题，即如何科学地处理畜禽废弃物。如果没有进行有效的处理，周边居民的生活会受到很大的影响，无论是空气、水，还是土壤，都会受到影响。畜禽废弃物带来的污染主要包括以下类型：

1. 畜禽粪便和其他固体废弃物污染

畜禽粪便是畜禽消化代谢的直接排泄物，是畜禽养殖的基本废弃物来源，包括与畜禽活动紧密相关的一些废弃物，如羽毛、皮屑、废弃饲料、部分畜禽舍垫料等。

2. 废水污染

废水包括畜禽所产生的尿液、各种管理环节所形成的废水以及其他冲洗后的污水等。

3.兽医诊治废弃物（动物医疗垃圾）污染

指动物防病治病期间产生的过期疫苗、注射针头、针管、吊瓶等动物医疗废弃物。

（六）大气环境污染

一方面，乡镇企业排出的废弃物对农村大气环境造成了严重的污染。随着农村投资环境的利好，企业在农村建立大量的工厂。有一些不符合安全指标的工厂的建立造成了农村环境污染的急速加剧。工厂制造产品时，会排放大量的污水和废气，这对当地的农村环境造成了危害。一般来说，小型的工厂对生态环境保护并没有严格要求，并且小工厂负责人的保护环境意识普遍不强，排放的垃圾废物对土地和大气造成难以弥补的危害。监督人员不负责、能力不过关、缺乏管理经验，对监督排查任务量较大的农村环境管理需求的不适应，也是造成农村环境污染的因素。乡镇企业的经济发展迅速，数量庞大，产生的污染就造成了严重的环境问题。

另一方面，企业技术落后导致农村大气环境的污染。大气中的氧气是人类生存的重要因素，氧气对人们的重要性不言而喻，而大气污染会对人类的健康造成威胁。对环境保护的不重视是造成如今农村环境问题的重要因素。

三、农村生态环境污染的特点

中国农村的生态环境污染形势严峻，污染类型多样。总的特点为面源污染与点源污染并存，生活污染和生产污染叠加，工业与城市等外源性污染不断向农村地区转移，而且农村环境治理的资金投入与技术水平低下，严重威胁农村的可持续发展。中国农村发展具有明显的地域特征差异，农村生态环境保护及资源可持续利用与经济发展水平脱节，总体来看，东部沿海地区和南部地区农村整体环境污染程度高于西部和北部地区。农业面源污染主要分布在以农作物种植为主的农村和以蔬菜瓜果生产为主的城市郊区，在空间上以华北和中部地区为中心，污染程度向外辐射递减，长江三角洲地区和东南沿海地区农业高度集约化发展，是高排放强度区。畜禽养殖造成的水污染和空气污染主要分布在城郊及乡镇附近的集中养殖区域，四川、河南和山东等省份是畜禽养殖的污染防控的重点省份。农村生活垃圾是所有农村人口聚集区的主要污染物，产生率呈现北方高于南方、东部高于西部的特点。工业三废污染主要产生在经济发展较快的城郊和乡镇。

（一）来源分散多样

中国农村污染来源分散多样，大致分为农村本地污染源和城乡异地污染源。农村本地污染源包括生活和生产两大类污染来源。生活污染主要为日常餐饮产生的过剩食材及厨房洗刷污水、家庭日常生活必需品的包装及淘汰物品、生活洗涤污水及厕所冲洗的粪水等，但因乡村地区人口分散，排水管网缺失，生活污水排放分散、收集困难。生产污染包括农业生产过程中产生的农膜、化肥农药包装袋（瓶）、作物秸秆、畜禽养殖粪便及冲刷圈舍产生的污水、乡村企业产生的工业污水等。生活垃圾随区域经济发展水平、燃料结构，以及居民生活习惯等不断变化。城乡异地污染源主要由城乡区域的高能耗、重污染、难治理的企业所产生的，由于农村地区环境管理的薄弱，企业将生产部分转移到乡村地区，或是将工业废弃物和垃圾未做处理而丢弃或排放到乡村地区，加剧乡村生态恶化的趋势。从污染物的成分和属性来看，乡村生活垃圾成分多样复杂，包括厨余类、灰土类、橡塑类和纸类。从污染物的基本属性来看，农村污染物包括生物类（生物废弃物、粪便、秸秆等）、无机类（氮、磷、铜等）、有机类（氨氮、二甲苯等）

和有毒类（多氯联苯、有机氯、多环芳烃等）。

（二）排放随机不均

乡村污染排放过程具有明显的随机性和异质性，尤其是面源污染，与降雨等气象事件密切相关，污染物在进入水体之前的迁移路线千差万别，使扩散、汇流和分流过程具备较大的空间异质性，而且土地利用状况、地形地貌、水文特征、气候、土壤类型等存在差异，使发生时间、发生源、污染物浓度等存在不确定性，导致面源污染的时空分布随机和不均。此外，农户的生活用水习惯、施肥打药方法、畜禽养殖管理等行为都存在主观意愿上的差异。研究表明，在生产经营过程中，农户的劳动力投入行为、文化程度、经营规模、投资行为以及经营组织行为对农村生态环境中的农业面源污染及农村水质污染影响较大。农村生活污水的排放虽具有一定的规律性，早上、中午、傍晚为农村生活污水的排放高峰，春夏季由于家禽饲养和种植活动，相对的排污量会多于秋冬季节，但不同区域的乡村由于经济发展水平、居民生活习惯、文化背景及自然条件等方面存在差异，生活污水的排放时间相对城市更加随机，排放特征差异明显。

（三）治理局部低效

中国的环保治污工作重点集中在工业生产和城市生活方面，乡村区域的环境污染治理长期处于边缘化和被忽视的位置，排污主体责任不明确，治污主体缺失，监测监管能力不足，排污标准与政策法规不完善。近些年来，虽然农村环保治理措施有所增加，但治理成效并不显著，治理能力赶不上破坏速度，农村生态赤字仍在不断扩大。绝大多数乡村区域缺少环保基础设施，环境治理处于空白状态。单一处理技术通常难以满足对农村污染的有效治理、污水的达标排放或循环利用的要求。以面源污染为例，当前的治理技术多针对局部环节进行设计，如农药化肥管理、植物过滤带、农业废弃物及畜禽粪便的厌氧发酵等。但这些技术零散，集成度低，效率低下，缺少源头减量、过程拦截、循环利用相结合的一体化技术。农村生活污水的生物处理技术和生态处理技术，均是从末端治理出发，未考虑过程拦截对农村生活污水的控制。

四、农村生态环境污染的实质与根源

（一）农村生态污染的实质

相比西方一些先进的国家和地区，中国农村生态环境问题出现的时间较短，所以一些相关的研究也相对较晚，整体上还处于碎片化、零散化的初级研究阶段。美丽乡村建设是马克思主义生态观在当代中国发展的最新研究成果之一，是经过实践检验的理论成果，为中国乡村生态环境问题的解决提供了理论支撑。

1. 人与自然之间的矛盾

马克思主义的自然生态观集中地体现在马克思辩证唯物主义自然观，它认为生态环境问题直接地表现为人与自然的矛盾。站在马克思主义生态观角度来看，人与自然的关系是一种以实践活动为媒介的对象性关系。自然界比人类社会存在更早，人通过生产活动扩大了自然史，从这一角度来看，人类社会的历史是自然史的一个阶段。所以应该把人的生产活动纳入自然生态系统中，实现和谐统一。如果没有认识到人与自然的这种对象性关系，并在此基础上进行统一，那么人的生产和经济活动将会受到影响，其外在表现就是自然生态危机。

中国社会主义现代化建设的迅速发展，中国人口基数较大，资源分布极不均匀，自然环境承载能力有限，以及发展过程中对环境治理力度不够等，造成了资源的浪费和环境的破坏，生态环境的恶化在中国农村更为明显。中国人口基数大，大部分集中在农村，农民的生产生活对土地资源需求大。近年来，农村的自然生态环境随着农村经济社会迅猛发展而遭到破坏，包括水体污染、空气污染、土壤污染等方面，而自然生态环境问题反过来又制约着农村的发展。这个结果正好证明了马克思生态观所阐述的，只从自然中索取而不回馈保护自然，不能形成人类与自然的和谐统一，其结果只能是生态环境持续恶化，人类生活水平下降。

2. 人与人、人与社会关系的制度层面问题

在经济全球化浪潮中，资本家依然追求更多的收益。追求剩余价值是资本主义生产的逻辑。当今世界主要资本主义国家为扩大生产规模，不断追求剩余价值的最大化，普遍采用经济刺激的方式，通过异化消费的理念来引导大众，引发了资本对自然资源的疯狂掠夺，最终导致全球性的生态环境问题。

依据马克思主义生态观的视角，在资本主义社会中，一旦社会制度出现问题，就会以资本主义扩大再生产来追求剩余价值最大化的形式表现出来。当前，中国还处于社会主义初级阶段，走中国特色社会主义现代化道路、进行中国的工业化和城市化就必须运用资本的手段来发展社会主义市场经济。而这就说明当前中国社会中的人与自然的关系、人与人的关系依然存在着矛盾，由于资本在中国社会中的作用越来越大，相应的生态问题也就越来越突出。

随着中国城市化进程的快速推进，农村逐渐被纳入城市化轨道，农村经济也开始飞速发展。城市对农产品数量和质量的需求不断增加，刺激了农村经济需求发展。因此，农民大量使用化肥、农药、农用地膜来提高农产品产量的做法就应运而生，但是农药、化肥、地膜等化

工产品的过度使用会对农村生态环境带来极大的危害。所以，城市对农产品的需求一方面给农民带来财富，提高了农民的生活水平，但另一方面也给农村的生态环境带来了极大的污染。

（二）农村生态环境污染的根源

1. 传统的工业文明生产方式

资本主义为了追求剩余价值的最大化，不断地扩大再生产，将自然资源作为生产要素投入资本主义工业化当中，使得物质极大丰富，换来的是人与自然之间的平衡被打破，表现为自在自然和人化自然的污染。这种传统的工业文明生产方式必然会导致生态危机。有学者研究指出，"在被异化了的资本主义生产方式、生产力作用下，人类在对自然资源无限索取时，没有意识到自然资源的有限性，人与自然之间物质变换与循环过程遭到了破坏，也威胁到了人类自身和子孙后代的生存与发展"。

2. 传统的农业生产经营模式

家庭联产承包责任制是改革开放时期我国农村主要的生产经营方式，它是指农民以家庭为单位，向集体经济组织承包土地等生产资料和生产任务的农业生产责任制形式。这种体制在全国逐步推开，解决了农村体制的重大问题，推动了我国农业的发展，带动了整个改革和建设事业的发展。

但是这种经营方式目前也使农村土地细碎化，阻碍了农业向规模化、市场化、机械化的方向发展。同时，农村人口增长过快造成人均耕地面积不断减少，落后的农业生产模式以掠夺的方式获取自然资源，进而引发滥垦、滥伐、滥用化肥农药等问题。

3. 农民的非理性化消费的生活方式

马克思认为，异化消费满足并强化了人们对物质的渴求，通过商业组织驯化大自然，商品化了自然界，这将引发生态环境的危机。这种异化消费给人虚假的满足感，带来的消费不是为了满足而消费，而是为了消费而消费。

人民的消费水平与其本身的收入相关，与当地经济发展密切相关。随着经济的发展，农民的收入水平、生活质量有较大的提高，同时农民的消费观念也发生了变化。非理性消费浪费了过多的农村资源，给农村生态环境带来了更大的压力。农村生态环境问题源于落后的农村生产方式和掠夺式的开发，非理性的消费所带来的经济增长虽改善了农民的生活，却带来了某些以牺牲农村自然环境为代价的后果。

第二节 农村生态环境污染的影响

一、农村生态环境污染破坏了人与自然的和谐发展

人类社会与大自然是统一的整体，是不可分割、息息相关的。不管是西方还是东方，传统上都强调人与自然的和谐相处，达到共赢的局面。但是近代以来，随着工业文明的演进，人类开始向自然无休止地索取、疯狂地掠夺。

自人类出现，人与自然的关系就一直发展和变化着。生产力、技术和人类认知等因素从主、客观两个层面上推动了人与自然的关系演化，成为二者演化的强大外在与内生动力。而消费与消费方式伴随着人类产生自我意识和进行社会化活动而产生，是人类与自然界相互作用的重要关联对象。

消费是满足人类生存发展需要的前提与基础性活动，也是消费主体与消费客体进行客体主体化和主体客体化的过程。消费方式的概念在不同学科中具有不同界定方式。人与自然关系维度下的消费方式是指在一定社会经济条件下，消费主体与消费对象的结合方式，即一定社会条件下，社会群体形成的具有一定稳定性的消费观念、消费行为、消费习惯或消费路径。一方面，消费方式是消费主体在消费活动中与消费对象发生自然关系的方式，具有自然属性。另一方面，消费方式又是消费主体作为社会的人在消费生活中形成一定社会关系的方式，具有社会属性。消费方式的自然属性反映人与自然关系，指消费者获取消费方式的手段、途径和形式，与人与自然关系演化具有天然存在的紧密联系。因此，消费方式的变迁可以作为人与自然关系演化的衡

量尺度，反映人与自然关系演化历程及趋势。

随着我国改革开放的不断深化，外国商品、资本、服务乃至社会思潮、消费观念纷纷进入中国，传统崇尚节俭的消费观念受到自由主义、享乐主义、超前消费等观念的冲击，传统消费观念与外来消费观念、传统消费文化与外来消费文化相互作用，推动着中国进入多元消费时代。这一时期，人们的消费行为在满足基本生存需要之后，开始向个性化、多元化转变。此外，在物质消费蓬勃发展之余，精神文化消费也开始呈现欣欣向荣的发展态势。人们环保意识加强，保护环境成为一项基本国策。

从 20 世纪四五十年代开始，以计算机及信息技术广泛应用为代表的第三次工业革命，第一次真正做到让人类凭借技术打破空间的物理壁垒，把全世界的生产要素调动起来，将地球变为地球村，进入全球化时代。然而，前三次工业革命带来人类社会生产力腾飞的背后，是空前的资源消耗和环境透支。进入 21 世纪，人类面临着前所未有的严峻的生态环境危机，如资源危机、气候变暖、环境破坏等。社会各界对生态环境的关切引发了以人工智能、大数据、量子通信、生物技术及清洁能源为代表的第四次工业革命。中国紧紧抓住第四次工业革命带来的巨大机遇，国家层面高度重视生态文明建设，并提供政策支持；社会层面，移动支付、共享单车大范围普及，使低碳的环境友好型生活方式深入人心；个人层面，爱护环境体现在个人生活的方方面面，垃圾分类、生活物品循环利用和节约水资源等，普通人的消费方式也正在向生态友好型转变。当然，目前仍存在不少不利于人与自然关系良性演化的因素，如电子商务盛行带来快递外卖行业的兴起，使得一次性消费蓬勃发展等。

人与自然应是和谐共生的，人类对于自然不应该是无休止地掠夺和破坏。在农村的生产生活中，人们要尊重自然、顺应自然、保护自然，如果不这样做的话，人类终究会受到自然的惩罚。人因自然而生，人与自然是一种和谐共生的关系,对自然的伤害终究会伤及人类自身。只有尊重自然规律,才能解决生态环境问题。

自然在支持着人类的发展,特别是在农村地区,自然给予了人类太多的财富,但是人类无节制的索取损害了自然。我们要试图找到一个平衡点,既能充分利用自然支持人类,又能够在一定程度上保护自然,不让自然受到损害。这就是人与自然和谐发展、协调发展,是应该在中国农村地区广泛实施的。党的十八大报告把生态文明建设放在重要的地位加以强调,提出建设生态文明。农村生态文明建设与可持续发展建设目标一致,都是给人民提供良好的生活环境,实现永续发展。当前,中国农村面临着农药和化肥使用不当的威胁,同时乡镇企业排放大量垃圾,资源综合利用率相对较低,生态系统处于危险之中。

二、农村生态环境污染阻碍了城乡之间的协调发展

当前农村所面临的生态环境问题在很大程度上加大了农村和城市的差距,阻碍了城乡一体化发展。当前城乡生活在很多方面都有差距,特别是在生态保护方面。改革开放以来,不管是城市还是乡村的经济都得到了较大的发展,但是在环境保护和环境治理方面,城市和乡村仍有较大差距。在解决生态环境问题的过程中,公共服务针对农村的着重点是比较少的,地方没有足够的资金,很难开展专门的治理活动。在治理环境的过程中,处在环境保护薄弱环节的农村地区没得到足够的重视。城市经济比较发达,经济发展水平高,政府可通过大量的财政支出来实现对城市环境的保护。反观农村地区,经济发展水平不高,税收较少,乡镇政府在思想上也没有高度重视农村的生态环境保护,致使农村的生态环境逐渐恶化。农村基础设施建设不充分、公共服务薄弱、环境保护资金不足等都是现实存在的问题,这也是环境保护不完善的原因之一。

城乡是统一联系的整体，如果农村的生态环境遭到破坏，城市也不可能独善其身。农村地区的乡镇企业排放的废气废水都有可能影响到城市，地下水污染肯定会影响城市的地下饮用水源，而废气污染也会影响城市的空气质量。农村跟城市比起来有些许劣势，但是要发挥自身优势，紧跟城市环境保护方面的步伐。当前的环境污染不仅威胁生产和生存，而且拉大了城乡差距，阻碍了城乡整体发展。2010 年中央一号文件明确提出，城乡要统筹发展，实现协调发展。由此可看出，农村的生态问题势必会影响城乡之间的协调发展和有序发展。

三、农村生态环境污染减缓了新农村建设的进程

农村生态环境的优劣影响着农村经济社会的发展，只有具备良好生态环境才能促进农村第一产业发展带动和吸引农村第二、第三产业的发展。当前，中国农村生态环境仍然面临着较为严重的空气污染、水土流失、土壤恶化等问题，不仅破坏了农村第一产业的循环可持续发展，更阻碍了农村第二、第三产业的发展。新农村建设的过程中，农村要想走向城镇化发展的道路，就需要在原有的经济发展水平基础上，向着一个更为长远的方向发展，只有这样才能提高农民的生活水平。

中国新农村建设不仅是要改造农民的居住条件，更要治理农村居民的生活环境。新农村建设是要稳步推进的，并要全方位、立体化发展。目前中国农村恶劣的生态环境问题一直在阻碍新农村建设的稳步推进。

生态文明建设是新农村建设的重要组成部分。农村地区的生态和环境问题大大减缓了新农村建设进程。在新农村建设中，农村生态文明建设应放在非常重要的位置，不能只关注农民物质上的增收问题，生态方面的治理也是农村的头等大事。实际上，与其他农村问题相比，

生态和环境问题更长期、更普遍，涉及层次更深。如果没有解决好农村的生态环境问题，新农村建设也将无从谈起。为了保护农民的切身利益，维护稳定与和谐，必须认真对待农村生态问题，做有利于农村生态环境的工作，为促进新农村的可持续发展而努力。

随着国家经济的快速发展，加强新农村建设已成为一种必然的发展趋势。对于建设过程中存在的环境问题，相关部门要加强对其成因的分析，并提出相应的保护措施，确保新农村建设的实效性。生态环境问题不仅会影响农产品的质量，更会威胁人们的生命健康。因此，相关部门必须加强重视，确保更全面地保护农村的生态环境。

第三节 农村生态环境治理现状

一、农民环保意识薄弱

中国是一个人口大国，农村人口占很大一部分，农村的人口素质相对偏低，这是中国不可回避的现状。农民的环保意识普遍不高，少数基层政府保护环境的工作做得不到位，只做了一些表面功夫。基层政府也没有深刻意识到通过宣传能够对保护农村环境起到有益的作用，宣传力度不够。针对农民的保护环境方面的教育也不够，没有做到因地制宜地利用农村的优势进行引导。农民的环保意识要靠自身去学习，更需要外力的推动，而一些乡镇政府却没有尽到应尽的责任。提高农业生产技术、发展农业经济和环境污染治理保护都会受到农村居民素质的限制，农民的素质和能力决定了农业技术进步空间的大小。

现代化的农业设备操作、建设小康社会都需要一支高素质的农民队伍。但是现在的农村人口环保意识过差，文化水平有待提高，这就需要政府进行相应的文化建设。长期以来，我国环境宣传教育工作的重点一直在城市，对农村的环境教育宣传工作还显得相当薄弱。基层政府并没有起到良好的模范带头作用，先进性作用没有得到发挥，政府工作人员疏于对农民环保意识的培养，在工作中也没有严格要求自己，没有起到模范表率作用。所以，政府要改变以往的传统思想，顺应时代的改变，做出相应的决策，加强农民环保意识的培养，加强农村环保意识的文化建设。

现实中，对农民的宣传教育方式主要为拉横幅、发宣传单，这些方式收效甚微，无法使农民意识到生态环境污染问题的严重性，也不清楚生态环境治理的重要性。同时，农民缺乏了解生态环境保护工作细则的渠道，部分农民即便萌生环保意识，也不知从何入手来保护生态环境。此外，生态环保工作往往停留在理论层面，未与农民的实际生活紧密结合，"照本宣科"的宣传方式不足以提升农民参与生态环境保护的积极性，甚至会使农民产生"假大空"的直观感受。

在农村经济发展过程中，农民是生态建设的重要参与主体。但事实上，在农村生态建设的过程中，农民的力量并未得到合理利用。一方面，政府等主管部门认为农民的认识能力较弱、创造能力不足，没有考量农民的现实情况，设计的生态建设目标和具体的执行方案并不符合农民的利益，导致方案执行面临困难；另一方面，农民主体普遍缺乏大局意识和整体意识，往往只关心自身利益，甚至存在为满足自身利益恶意破坏环境的情况。为此，政府等部门要充分调动农民的积极性和参与性，让农民意识到自己在生态环境保护中的重要地位，强调生态环境建设与农民利益息息相关，切实缓解在治理生态环境问题时面临的困难。

二、农村环境治理中的主体性困境

随着经济社会的发展及产业结构的调整，特别是工业和服务业的迅猛发展，越来越多的农村人口流入城市，中国城镇化率得到一定程度的提高。但从人口空间分布上看，农村地区人口仍然远超出城市，农民仍是实施农村生态环境治理政策的实践主体。发挥好农民的主体性作用，是农村环境治理工作得以顺利推进的重要前提。

在深入推进农村生态环境治理的过程中，农民作为实践主体、价值主体，应担负起主体性责任。但从各地农村环境治理的实际来看，普遍存在农民参与度不足的主体性困境。具体表现在以下几方面：

（一）农民主体意识缺失

农民主体意识缺失主要表现为部分农民忽视农村公共利益，片面追求个人私利，甚至为了个人利益而牺牲公共利益。农村生态环境作为公共产品，具有不同于一般商品的特点，即消费的非排他性和非竞争性。在生态环境治理过程中，一些农民自身不参与、不付出，寄希望于政府或他人的努力来为自己带来好处，客观上加重了政府的负担，降低了资源利用效率。

（二）政府角色错位——政府主导性过强，抑制农民主体性的发挥

在目前的农村环境治理过程中，虽然提出以政府为主导、以农民为主体，但在实际运作过程中，由于地方政府的路径依赖、公共产品的特殊属性以及农民环保素质偏低等主客观原因，地方政府未能切实落实环境保护原则。构建政府主导型农村生活污染治理体系效率高、责任明确、推广面宽，能有效推动农村环境治理工作的开展，并在短时间内取得可测量的治理成效。但政府的职能错位加剧了农民主体性的缺失，这在实践中存在一些比较明显的表现：一是政府包办一切，在制定相关政策、控制总体治理进度、分配资金、发动宣传工作等方面，农民几乎从未参与其中，地方政府的过分强势限制了农民主体性的发挥。二是服务理念未深入人心。政府在环境治理过程中重管理轻服务，管理方式主要为自上而下的命令式管理，而非协商式的共商共建，未能有效激发农民的积极性。三是基层干部素质偏低。一些农村基层干部缺乏有关环境治理的技术知识，且在态度上轻视农民，这就影响了治理工作的顺利开展。

（三）资本逐利性消解农村环保目标

随着农村土地制度改革的深化，以及集体所有权、农户承包权和土地经营权"三权分置"的日渐落实，农民可以自主流转土地。这为农民增收拓宽了渠道，也为工商、社会资本自由流入农村提供了制度依据。在长久以来的城乡二元结构体制下，大量农村资金、技术、人才等核心要素单向度地流向城市，造成城乡差距日渐扩大。农村日渐"失血""贫血"，"农村空心化"现象迅速蔓延。为稳步推进乡村振兴战略，建设美丽乡村，需要从培育一批环境友好型的新产业、改善农村基础设施、促进农村适度规模经营等方面发力。要实现上述目标，就迫切需要多元化的投资主体"输血"，改变过去单靠政府投资的发展模式，必须积极引入各种社会资本参与建设。

三、农村环境治理投入的资金不足

农村污染防治工作是一个连续而复杂的系统工程，需要大量的资金投入，但是这些资金的有效周期较长、回报率低，成为大多数农村基层环境污染防治的弊端。长期以来，生态投资在中国国内生产总值中所占的比例相对较低，污染预防和保护只是其中的一小部分，大部分资金用于控制城市工业污染，用于农村环境治理的很少。与偏远的农村地区相比，靠近市区的郊区是城市的"前门"，由于其区位优势可以获得一些益处，如环境保护项目的资金可如数下放，比较充足。根据目前的情况，靠近大城市的农村地区的环境污染控制和保护项目资金要高于远离城市的其他农村地区。距离主要城市几十公里的偏远农村地区没有享受到城市环境治理的"红利"，控制农村环境污染的所需资金严重短缺。虽然在一些农村地区每年都会开展一系列活动，如"改造农村厕所""建设污染管网"和"5比1综合改进"等，但是由于农村基础设施薄弱，历史上债务很高，资金缺口仍然相对较大。当前，利用有效的融资渠道来预防农村环境的污染没有形成成熟的市场机制，农村环境保护的支持水平不能得到保证，这使得市场经济主体对于参与农村环境污染治理的投融资活动不太积极，总体上降低了农村环境污染防治工作的投资水平。

四、农村环境治理法律体系不完善

（一）立法层面：农村环境保护专项立法缺失

立法作为法律运行的起始环节，是开展后续过程的主要依据。法律制定过程包括调研准备、框架确定、细节补充、结果产出等主要内容。在农村环境立法层面，问题主要集中在立法缺失、更新滞后等方面。纵观农村环境整体立法情况，农村环境法律还存在很大缺口。1979 年中国颁布了《中华人民共和国环境保护法（试行）》，使环境保护工作步入法治轨道，加快了环境保护事业的发展。但是在该法出台后的几十年间，针对农村环境的专项立法与农村环境法治研究均较少。同时，由于中国多数立法以城市为主要关注对象，农村环境保护的法律法规往往缺乏实际操作性，认识与实际偏差导致出台的环境保护法对农村环境治理缺少针对性指导意义。此外，农村环境污染也缺乏相关利益主体制衡制度。在乡村振兴战略背景下，部分地方政府出台了地方性环境保护法规条例，对于解决地方性环境问题规定得更为详细和具体，发挥了重要的指导作用。

（二）执法层面：执法界限模糊

立法和执法密切关联，立法是执法开展的基础，农村环境治理立法层面的问题会进一步影响执法过程。农村环境保护专项立法缺失造成执法界限模糊，从而进一步衍生出执法被动、执法不严等问题。农村地区自身的特点，进一步增加了环境执法难度，主要体现在以下方面：

一是农村环境执法缺少依据。农村环境问题涉及生产生活的方方面面，具有广泛性和复杂性，执法人员在执法过程当中应以相关法律为依据，但是目前的法律法规无法满足执法需求。当执法人员无法可依时，往往选择拖延或直接依据执法经验处理，长此以往，执法会产生被动性和随意性。

二是执法受到的地方阻力较大，主要表现为农村保护主义，如一些宗族势力的干预使得执法工作难以开展。同时，环保部门在履职时可能与当地政府追求的经济目标产生矛盾，导致双方展开博弈。

三是执法力量薄弱。基层环保部门专业人员较少、专业度不高、对政策和法律了解不够等都会造成执法偏差。此外，大部分农村常住人口以儿童和老年人为主，其认知能力有限，增加了执法人员的执法难度。

（三）司法层面：环境诉讼救济不足

环境司法主要针对环境受侵害主体对自我权利维护的过程，目前中国环境司法较为薄弱，具体体现在环境诉讼救济不足，没有充分认识到环境司法的重要性。这表现在两个方面：一是环境司法的制度建立较为落后；二是环境诉讼程序复杂、取证困难导致诉讼需要花费大量人力物力财力，有些环境污染对健康的危害难以立即显现，个人对此很难取证。因此，中国的环境诉讼大部分集中在企业，个人提起环境诉讼的案例相对较少。企业虽然在诉讼方面能力更强，但其过程往往艰难、漫长。三是农民缺乏权利意识，不了解维权途径。农村地区环境治理司法层面的不足受多重影响，立法和执法方面的落后进一步影响环境司法的构建。

（四）守法层面：农民法律意识淡薄

在农村环境治理过程中，农民作为其中的重要一员，不仅要发挥作为客体的守法作用，还要发挥作为治理主体的参与作用。农村环境治理过程中，要兼顾突出法治和治理，法治是要将法律作为行动准则从而依法治理，而现代化的治理则强调主体的多元化和治理手段的多样化。农民法治意识淡薄主要受农民自身内部因素和外部因素两方面影响。从自身内部因素来看，农民的受教育水平普遍较低，在日常生活中无法直接接触环境法治的相关法律条例，理解起来具有一定困难；同时，农民也缺乏对多元治理的认识。在政府治理环境的过程中，村民不清楚政府承担的责任，未能充分发挥监督作用。从外部因素看，主要有两方面：一是有些村委会工作人员的环保意识差，任由乱砍滥伐、企业排污等现象发生，甚至从中牟取私利；二是农村地区普法工作尚未落实，部分地区较少开展普法宣传，普法工作流于形式，普法内容局限于政策介绍层面，农民接受程度不高。

五、农村环境治理监管长效机制不健全

一方面，农村环境保护监督的法律体系不完善。想要农业利益有较大的提升，政府需要制定出一些政策来保护农村环境。现在政府已经认识到环境的重要性，大力保护环境。政府要求各个部门共同合作，是因为环境保护受多方面因素的影响。当地的农村环境保护不仅需要环保部门人员的努力，相关的政府部门也需要努力。加强政府的管理力度，就像有一个领头者带着大家一同前进，会对保护环境起着重要作用。国家的支持、政府的管理、人民的努力都是保护农村环境的重

要因素。执行政策的农民需要受到政府的监督，才能更好地提高治理污染环境的效果。

另一方面，政府对农村环境保护监管措施不到位。农村环境污染不光有农民的责任，还有政府的部分责任。因为政府是管理者，对农村环境的保护管理方面存在一定的缺陷。虽然中国近几年来有着对农村环境管理自主处理的探索，但是取得的成果并不大，许多实践并没有实际运用，只是简单地停留在理论方面。为适当应对农村环境污染突发事件，应建立环境紧急预警系统。农村地区的环境保护与公众的重要利益相关，并具有广泛的影响。为了形成应对农村突发性环境污染问题的机制，政府加强了农村环境突发事件预警系统和制度，能够及时安全地解决农村重大环境污染问题。

第四节　农村生态环境治理对策

一、构建多元主体协同治理中各主体间的良性互动关系

厘清多元主体之间的关系，在此基础上让多元主体治理的优势互补，实现多元主体协同治理的多元良性互动，可以使治理结构最优，最大限度地发挥多元协同治理体制、机制的作用，更好地实现农村生态环境的治理。

政府在多元协同治理中具有重要作用，治理手段具有强制性、高效性的特征。鉴于政府主体单方面治理高成本、低效率的现状，政府应该通过出台法律法规，引导企业、社会组织（环境保护组织、其他组织）和农民参与到农村环境治理事务中来，并规范其行为。对于企业，政府应出台相应的政策措施，规范企业的生产行为和排污行为。企业以追求利益最大化为目标，政策制度的规制是让企业在追求经济效益的同时承担排污后的治理责任，对规范生产、产品质量优秀和环境保护做得好的企业给予行政奖励，反之给予处罚。对于社会组织，主要是指引其根据法律法规开展环境治理活动；对于农民，应扩大其监督范围和权限，充分调动其积极性。此外，政府还应拓宽社会组织和农民的参与渠道，充分接受社会公众的监督。针对农民，政府也应该定期举办一些环境治理方面的讲座，并立法保护农民参与环境治理的权利，在增长农民环境治理知识的同时，充分调动其参与农村生态环境治理的积极性。

企业是市场经济的重要主体，在市场机制作用下，企业以追求经济利益为目标。面对某些企业肆无忌惮排污的情况，政府会以征收

"排污费"为手段，规制企业的排污行为。在多元主体协同治理体制下，就政府而言，企业与其不是对立关系，而是互为补充关系，即政府运用宏观调控纠正企业行为，企业在着眼利益最大化和环境保护的视角下开展经济行为。对于社会组织和农民，企业也不是孤立地发展，而要与其广泛合作，欣然接受其监督行为，并定期就排污相关事宜向外公布。由于污染的隐蔽性特点，对一些环境问题，环境保护组织不能充分发挥对企业的监督作用，此时，企业除了要遵纪守法外，还应接受农民的监督。

社会组织是指除政府、企业以外的组织，属于民间组织。它没有政府部门的公权力，也缺乏相关的法律法规保护，所以社会组织是一种环境治理过程中的补充性组织。在农村生态环境治理过程中，社会组织应充分运用其灵活的特点，破除其被动参与的传统模式，通过非政府组织形式和规模优势，为政府提供直接的农村生态环境治理信息。在多元主体协同治理中，政府应将社会组织纳入生态环境治理结构，出台相应的法律法规保护其合法权益。同时，政府在资金、技术及政策等方面应给予社会组织一定的支持，使其全面发挥监督环境治理及各种环境保护主体的作用。同时，社会组织应广泛与企业合作，争取资金上的帮助，监督企业排污行为。另外，社会组织应进一步增强与农民的交流合作，从农民手中获得农村生态环境治理的第一手资料，并充分运用环境技术对环境进行检测，同时与农民一起监督政府和企业的环境治理行为。

农民是农村生态环境的制造者和管理者，并处于生产的一线，是农村生态环境的直接感受者。在目前农村生态环境问题日益严重的情况下，农民受影响程度最深。因此，对于严峻的生态环境现状，他们要求改变的呼声最强烈。据不完全统计，对于农村中的环境污染问题，企业应负主要责任，其次是农民。因此，农民应主动增强环境保护意识，向政府提出环境保护诉求，并积极向政府和企业学习生态环境治理的方法和技术，以新的生产和种植技术替代传统污染严重的耕种方式。同时，农民应从政府和企业寻求农村生态环境治理的资金支持，以更好地实现农村生态环境治理。此外，农民也要与社会组织积极互动，最大限度地寻求支持，并与社会组织互相配合，更好地发挥对政府和企业环境治理行为的监督作用。这样，才能形成各主体良性互动的多元主体协同治理体制和机制。当然，农民作为农村的主人，应从自己做起，保护农村生态环境，建设青山绿水的美好家园。

二、实现多元主体间协同治理应遵循的原则

多元主体间协同治理应遵循互动原则。传统观点认为环境产品属于公共产品，在产权归属问题上十分模糊。环境利益牵涉众多利益方，单靠政府或者企业的力量来解决环境问题不现实。在这种情况下需要政府、企业、社会组织和农民等多个利益主体积极互动，充分发挥各自的优势，共同推进农村生态环境治理的有序进行。

多元主体间协同治理应遵循治理手段多元化原则。行政手段和法律手段是传统农村生态环境治理的主要手段，在引导社会组织和农民参与后，治理手段可以增加一些新方法。同时，专家治理手段也应被纳入农村生态环境治理框架，以提供技术支持。治理工具的多元化以治理主体的多元化为前提，各治理主体应各司其职，提高农村生态环境治理的成效。

多元主体间协同治理应遵循上下联动的动态治理原则。农村生态环境治理是一个动态过程，多元治理主体之间应审时度势，在治理过程中灵活机动，根据需要制定相应的治理方案。在治理的初始阶段，政府应充分发挥宏观调控作用，整合资源，而企业、社会组织与农民则处于从属地位，主要是配合政府部门做好治理前的准备工作；在治理的中间环节，政府应起协调作用，调动其余治理主体开展治理工作；

在治理的成熟阶段，政府应做辅助工作，让企业、社会组织和农民等主体完成后续工作并进行自我监督。

三、完善农村生态环境治理的对策

多元协同治理的实现，关键在于各主体在平等的法律地位这一问题上达成共识，多元主体间积极配合，共同参与。它要求政府主体在治理过程中转变职能，从唯一主体的支配地位转到和市场、公众的平等地位上来，为多元主体间的平等对话搭建平台，保证多元主体间的沟通无阻、省时、高效。其他主体应辅助政府顺利转变职能，通过平等对话机制沟通协商，实现多元主体优势互补，使多元主体协同治理落到实处。

（一）充分发挥政府的主导作用

多元主体协同治理虽然改变了政府主体的治理模式，让政府在农村生态环境治理中不再处于支配地位，但并不能说明各多元主体之间的地位完全平等，不是"无中心"的治理机制。政府在整合社会资源方面与其他主体相比有绝对优势，因此政府应在平等对话框架内转变职能，改进和创新考核制度，充分发挥主导作用。

转变政府治理理念，建立多元主体协同治理理念。在多元主体协同治理理念下，政府已经从绝对的支配地位上退下来，辅之以协调、引导功能，虚心接受其余多元主体的监督，并尽可能引导其他主体一起形成多元协同治理合力。

强化政府在环境治理方面的绩效考核，实施行政问责制。将环境治理纳入政府绩效考核与晋升制度中，倒逼政府主体改变绩效观，使环境治理体制、机制真正落地。

改革、创新政府的环境治理体制。环境监管部门需要提升其权威性，此种目的可以通过改变管理格局实现，如建立地方环境部门向中央环境保护总局负责并接受其监督的模式。在改变已有管理制度的情况下，信息披露机制也应在地方政府与环境治理部门建立，定期向社会公布环境治理的相关信息，使公众知情权与监督权得到落实。同时，地方政府应该向群众公布与环境相关的管理和执法信息。

（二）充分发挥市场在资源配置中的决定性作用

引入市场机制。环境公共产品的外部性问题容易导致市场配置资源失效。优质的环境公共产品的产权界定不明确，企业的排污行为没有很好的指标规制，造成企业排污行为泛滥。针对这一问题，科斯认为，环境公共产品的产权可以被政府的公权力确认。如此一来，优质环境公共产品便有了主体匹配。而对优质环境公共产品的破坏将受到处罚，政府通过发放排污许可证等方式对企业的排污行为起到了较好的规制作用。将这种市场机制引入农村生态环境治理，会对农村和农业发展有重要的促进作用，并且改善和提高农民的生活水平。现阶段，中国环境治理的主体依然是政府，它导致市场机制无法充分发挥作用，使得政府自身的环境治理效率低下，并且治理成本大大增加。市场机制的引入能改变上述问题，在保证政府环境治理效率的同时减少成本。

推行绿色生产方式。改变以往的生产模式，将传统列为废物的生产资料通过农业技术变为再生资源，最后制成再生产品，做到废物再利用，实现农业清洁生产。

积极推进环境保护补偿机制的建立。近年来，随着经济的快速发展，城市污染向农村转移的现象日益增多，农村的环境问题日益严峻。针对污染转移问题，应探索建立环境保护补偿机制，主要补偿那些因为城市环境污染转移受到环境问题损害的人们，地方政府在这个过程中应花大力气保证机制的建立和运行。

多元化融资渠道为农村生态环境治理提供资金支持。当前，政府对农村环境治理的资金帮助已是杯水车薪，解决不了根本问题，所以通过市场机制建立环境收费制度、推行排污权交易制度等措施已成为解决农村生态环境治理资金不足问题的有效机制。

（三）加强公众参与

最大限度地调动公众，尤其是农民对于参与环境治理的积极性，冲破公众参与农村生态环境治理的束缚，让社会公众通过平等对话、利益博弈等手段真正参与到农村生态环境治理中来，形成多元主体协同治理的体制、机制，使公众参与的权利真正得以保障，使多元主体治理得到实现。要进一步推进公众参与的制度建设，保障公众的知情权、参与权与监督权。同时要加强农村环境治理宣传体系的建设，更大程度、更广范围地宣传农村环境保护知识，使农民的环境保护意识得以加强。

建立和完善公众参与环境治理的法律制度。要使公众参与农村生态环境治理得到法律和制度上的保障，在法律法规的条款中，就必须清楚界定公众在参与农村生态环境治理中的权利、参与的形式与内容等。

要进一步丰富农村环境保护宣传教育体系，提高农民的环境保护意识，面向农民开展环境知识和法规政策的宣传活动，增加农民的环境保护知识，促使农民实施环境保护行为。

发挥环境保护组织在环境污染治理中的作用。环境保护组织是独立的环境治理主体，无论意愿、能力还是技术都有其自身特点，可以提出有别于其他主体的农村生态环境治理措施，并发挥监督作用。环境保护组织作用的完善，有利于推动多元主体协同治理体制、机制的形成，从而实现农村生态环境治理。

发挥村委会在农村生态环境治理中的重要作用。村委会是一种组织形式，在自主管理村内公共事务的同时，充分体现了农民的主人翁地位。环境治理属于公共事务的一种，一般来说，村委会在受村民委托后享有对农村生态环境的管理权，对全体村民负责，受村民监督。村委会由于自身的优势，在环境治理的过程中能更好地调动农民的积极性，整合农村资源，为农村生态环境治理服务。

四、完善农村生态环境治理的保障机制

（一）健全乡村生态环境保护立法体系和执法体系

乡村振兴背景下的生态环境治理应当采取多元化的治理手段，法律手段应当成为农村生态环境治理的基础性手段。

1. 立法体系

从立法层面上看，农村生态环境治理存在的问题体现在以下几方面：第一，农村生态环境保护的法律缺失。环境立法中的"城市中心主义"是造成农村环境立法不足的一大原因，由此形成农村环境法律需求和现状供给失衡的现状。在中国乡村生态环境法律立法明显缺失，没有制定与农村生态环境保护相关的法律或行政法规。关于农村生态环境保护的法律调整散见于 2014 年修订的《中华人民共和国环境保护法》（以下简称《环境保护法》）、《中华人民共和国土地管理法》（以下简称《土地管理法》）、《中华人民共和国水法》和《中华人民共和国农业法》（以下简称《农业法》）等有限的相关规定之中。第二，从内容上看，《环境保护法》第三十三条和第五十条内容涉及农村生态环境保护内容，第三十三条规定："各级人民政府应当加强对农业环境的保护……统筹有关部门采取措施，防止土壤污染和土地沙化、盐渍化、贫瘠化、石漠化、地面沉降以及防治植被破坏、水土流

失、水体富营养化、水源枯竭、种源灭绝等生态失调现象，推广植物病虫害的综合防治。"第五十条规定："各级人民政府应当在财政预算中安排资金，支持农村饮用水水源地保护、生活污水和其他废弃物处理、畜禽养殖和屠宰污染防治、土壤污染防治和农村工矿污染治理等环境保护工作。"从中可看出，《环境保护法》对于农村生态环境保护多为原则性规定，并无实际操作性。《农业法》中并没有关于农村生态环境保护与治理的专门性条款，关于土壤等资源的保护性条款多为原则性、义务性的规定。《水污染防治行动计划》《土壤污染防治行动计划》《大气污染防治行动计划》强调要推进农业农村污染防治，专项行动对农业水污染、土壤污染和大气污染的防治起到了巨大的推动作用，但是相关行动计划具有很强的针对性，且具有一定的时效性，无法对农村生态环境治理起到全面覆盖的效果。农村生态环境保护法规分散且不系统，有些条款仅是原则性规定，操作性差，这些立法现状都导致农村生态环境保护在立法层面无法适应乡村振兴背景下的生态环境治理要求。

面对农村复杂严峻的生态环境治理形势，农村生态环境治理必须加快立法进程，完备的农村生态环境保护法律体系是开展农村生态环境治理、农村生态环境执法和守法监督的依据和基础。中国应制定专门的综合的"农村生态环境保护法"，明确农村生态环境保护的各项内容，针对农村各个资源部门的情况制定具体可操作的保护条款，对于农业固体废物、养殖业粪便处理、农村生活垃圾、农业用水污染、农业土壤污染、城市转移性污染及乡镇企业污染等做出具体规定，实现农村生态环境保护"有法可依"。此外，各地应从当地实际情况出发，依托农村当前的治理情况，有针对性地制定农村生态环境治理的地方性法规、规范性文件和条令等，以针对性强、操作性强的法律政策体系加大各地农村生态环境保护力度。

2. 执法体系

从执法层面看，中国农村地区的环境执法面临以下工作难点：中国农村地区面积广，农村环境破坏情况复杂多样，污染点源过于分散，目前的执法监管力度难以实现农村监管全面覆盖；目前农村地区的执法监管力度不够，县级执法部门由于监管力量不足对农村地区的执法监管未能实现常态化；执法权力界定不明晰，基层政府、农业部门、公安部门和生态环保部门的环境执法权力既有交叉又有冲突，如秸秆焚烧、生活垃圾倾倒、生活污水处理等农村地区积重难返的环境问题一直没有得到有效执法和妥善解决；乡镇没有专业的执法队伍，依靠县一级执法队伍进行监管，执法人员的数量和能力不能满足农村生态环境保护的需求。

对于以上农村生态环境执法监督的工作难点，必须采取切实措施进行改进：

第一，在农村生态环境保护的工作中要加大力度实现对乡镇一级环保机构和组织的完善，推行设立基层环保所，借此有效填补乡镇环保监管执法的空白，推动农村生态环境的保护。环保所便于与农民接触，有效了解当地的环保现状，针对性地开展监管工作。

第二，要明确乡镇环保所的职责和监管范围，深入实践生态环境保护机构垂直管理制度，并适当授予环保所执行权，通过机构的设立和权力的授予实现农村生态环境保护的有力监管体系的完备。同时，要处理好乡镇执法所与农村基层自治组织的关系，处理好县级环保机构与农业部门、公安部门等其他部门的关系。环保机构应当成为农村生态环境治理的主要执法主体，建立农村生态环境保护部门联动机制。

第三，推进农村生态环保执法监督工作，必须配齐乡镇环保所人员力量，明确机构职责，完善工作制度，确定考核办法。同时，要加强农村执法监管队伍业务能力培训，提高执法能力，强化末端监管职能。

第四，为加强农村生态环保执法监管力度，可贯彻农村环境目标责任制，将农村生态环境保护纳入考评体系。

第五，在执法内容中应强化日常性监测。农民为提高收入水平，有可能在农业生产中做出一些污染环境的行为。因此，在执法内容中强化日常性监测可及时发现问题，切实确保执法监管力度。

第六，农村生态环境治理过程中加强科技投入，不断加大新技术、新设备在环境执法监控过程中的应用力度，实现农村执法监管的科技化、自动化。

（二）建立完善的组织体系和高效的信息共享平台

建立完善的组织体系。农村生态环境多元主体协同治理是一种组织形式，是在实施农村生态环境治理过程中形成的一种制度安排。因此，在该组织体系下，应定期举行会议，总结治理经验，研讨新的方案，会议形式可以因时因地灵活选取。基于农村经济发展的实际，其环境问题具有复杂性、广泛性、隐蔽性等特点，可以向城市环境多元协同治理的模式借鉴经验。例如，根据农村地区的现实状况成立监督委员会，以农民和社会组织成员为主要构成人员，主要职责是收集农村生态环境治理信息，并定期汇报情况；以企业和政府为主体，组建环境治理委员会，主要负责治理资金的解决。此外，应建立以环境保护专家为核心的特别组织，在技术层面上给予农村生态环境治理帮助。通过以上的农村环境治理专项组织，可以很好地协调多元主体开展农村生态环境治理，提高治理效率。

建立高效的信息共享平台。多元治理主体间定期举行会议，对各自领域治理的绩效和问题进行沟通交流，可以节省信息共享费用，提高治理绩效。因此，搭建高效的信息共享平台尤为必要，它是信息机制起作用的保障。信息共享平台的内容从治理主体自身来说，应定期就各组织掌握的环境治理信息开展交流分享；从自媒体层面来说，应充分利用网络对环境治理的成效予以公布，接受农民和网民的双重监督；从专家层面来说，为解决环境治理信息匮乏的问题，掌握环境治理前沿动态，定期邀请专家做环境治理专题报告意义重大。

构建紧密联系的网络。限于单个治理主体的局限性，无力单方面应对农村生态环境治理中存在的矛盾，多元主体的协同治理应运而生。这种网状的治理结构要求多元治理主体间积极交流、高效沟通，克服单一治理主体在措施、经验、资金、人员安排上不足的困难。由于多元主体中因各自主体的性质和特点的不同，治理能力和经验大相径庭。在这种情况下，通过多元主体的关系网络，可以促使多元主体积极互动、相互补充、相互配合。多元主体关系网络将各个主体紧密联系在一起，有利于促成多元主体为实现共同利益而统一行动，使多元主体协同治理发挥最大效力。

第三章　乡村振兴背景下农村生产环境污染治理

第一节　农村生产环境污染现状

一、农村畜禽养殖存在的问题及改善措施

（一）农村畜禽养殖存在的问题

1. 水体污染问题

在农村畜禽养殖过程中，养殖畜禽产生的废水含有大量的氮、磷、钾等物质，将这些废水排入水源地，会导致江河湖泊的营养异常丰富，从而打破原有的生态平衡，威胁人民群众的用水安全。养殖业废水属于富含大量病原体的高浓度有机废水，直接排放进入水体或存放地点

不合适，受雨水冲洗进入水体，将可能造成地表水或地下水水质的严重恶化。养殖业废水对地表水的影响主要表现为：大量有机物质进入水体后，有机物的分解将大量消耗水中的溶解氧，使水体发臭；当水体中的溶解氧大幅度下降后，大量有机物质可在厌氧条件下继续分解，分解中将会产生甲烷、硫化氢等有毒气体，导致水生生物大量死亡；废水中的大量悬浮物可使水体浑浊，降低水中藻类的光合作用，限制水生生物的正常活动，使对有机物污染敏感的水生生物逐渐死亡，从而进一步加剧水体底部缺氧，使水体同化能力降低；氮、磷可使水体富营养化，富营养化会使水体中硝酸盐和亚硝酸盐浓度过高，人畜若长期饮用会引起中毒，而一些有毒藻类的生长与繁殖会排放大量毒素于水体中，导致水生动物的大量死亡，从而严重地破坏水体的生态平衡；等等。

2. 大气污染问题

农村畜禽养殖产生的含有硫化氢、氨气等有害物质的废气，不仅会严重影响养殖区域周边空气质量，还会对养殖人员身体健康造成威胁。随着当今养殖业的快速发展，大量含有有害物质的废气排放到大自然中，其中最主要的成分就是氨气。这种有害气体会滋生大量苍蝇蚊虫，污染大气层，毁坏人们的生活环境，影响人们的身体健康，甚至会危及人们的生命安全。由于中国缺乏相应的处理条件，对于畜禽养殖污染的处理过于随意，农民在养殖过程中没有考虑到相关污染对环境的影响，这种状况必须得到相应的改善。

3. 疾病传播问题

中国畜禽养殖状态较为密集，畜禽品种一般多为快速成长的肉食品种，而它们的生长环境十分狭小，终日难以见到阳光，在这种情况下需要养殖人员不停地为畜禽注射抗生素等药品，保证畜禽能够在不适宜的环境下生长。但是长此以往，畜禽的病毒抗药性逐渐增强，病原种类与寄生虫种类逐渐增多，很多原本只传染给畜禽的疾病逐渐发生变异，开始朝着人畜共患方向快速发展。

（二）畜禽养殖污染问题的改善措施

1. 优化养殖布局和结构

一是合理规划养殖区域。根据地形、气候、水资源等自然条件，合理规划养殖区域，避免过度集中养殖导致的环境压力。

二是调整养殖品种结构。选择环保型、低排放的畜禽品种，降低养殖过程中的污染物排放。

三是提高养殖效率。采用先进的饲养技术和管理模式，提高养殖效率，减少养殖废弃物的产生。

2. 加强废弃物处理与资源化利用

一是建立废弃物收集处理体系。对畜禽养殖废弃物进行分类收集、处理和利用，减少废弃物对环境的影响。

二是推广堆肥发酵技术。通过堆肥发酵技术，将畜禽粪便转化为有机肥料，实现资源化利用。

三是发展生物质能源。利用畜禽粪便生产生物质能源，如沼气、生物柴油等，降低化石能源消耗，减少温室气体排放。

3. 强化政策法规和监管力度

一是完善法律法规。建立健全畜禽养殖污染防治法律法规体系，明确各级政府和部门的职责，加大执法力度。

二是实施差别化管理。根据养殖规模、污染程度等因素，实施差别化管理，引导养殖户积极参与污染治理。

三是加强监督检查。加大对畜禽养殖污染治理工作的监督检查力度，发现问题及时整改，确保治理效果。

4.推动科技创新和人才培养

一是加强科研攻关。加大科研投入力度，开展畜禽养殖污染治理技术的研究和攻关，提高治理水平。

二是推广先进技术。积极推广先进的畜禽养殖污染治理技术和设备，提高养殖的治理能力。

三是培养专业人才。加强畜禽养殖污染治理领域的人才培养和引进工作，提升人才储备为治理工作提供有力的人才保障。

总之，改善畜禽养殖污染问题需要从多方面入手，包括优化养殖布局和结构、加强废弃物处理与资源化利用、强化政策法规和监管力度，以及推动科技创新和人才培养等。只有这样，才能有效地降低畜禽养殖对环境的污染压力，促进养殖业的可持续发展。

二、农村种植业环境污染现状

种植业是中国经济的重要组成部分，每种农作物在种植过程中都使用农药防治病虫害。中国种植业面积较大，农药施用范围也较广。随着科学技术的发展，农药种类越来越多，提升了农药使用管控的难度。根据相关资料显示，中国种植业每年投入的农药使用量呈现逐年递增的趋势，远高于其他国家。

（一）化学肥料污染现状

中国在化学肥料利用方面存在着地域间不平衡现象，总体来说经济发达地区施肥量较多。无论施肥总量或单位面积施肥量均呈现出从东到西和从南到北的递减趋势，其中华东地区、华中地区和华南地区用量较高。

化肥的大量施用造成了一系列不良后果。过量施肥不仅可导致土壤酸化、水体富营养化、破坏耕地的土壤结构、加速土壤养分流失、造成土壤严重板结和土壤次生盐碱化，还会增加温室气体排放。根据相关报道，20世纪80年代至今，氮肥施用是中国主要农田土壤出现大面积酸化现象的主要原因，近30年来土壤pH值平均下降了约0.5个单位，相当于土壤酸量在原有基础上增加了2.2倍。

过量施肥是中国农业污染的主要原因，而对作物产量的追求是过量施肥的动力。但事实上，目前中国禾谷类作物氮肥的使用量为300 kg/hm² 左右，远高于主要谷类作物最佳氮肥用量 150 ～ 180 kg/hm² 的推荐施肥量。过量施肥的原因主要是农民的传统思想认为"施肥越多，产量越高"。目前中国施肥技术落后、肥料利用率低、施肥效果不佳是造成农民过量施肥的重要原因。中国经纬度跨度大，地形、土壤质地和气候复杂多样，作物的种类丰富，同时，中国农民普遍文化素质较低，缺少科学施肥的知识，这些都造成了中国施肥技术的多样性和时效的落后性。许多地方依然存在肥料撒施、单一营养元素施肥、肥料一次性施用等不科学的施肥方式。施肥技术包括肥料种类的选择、施肥方式、肥料的运筹方式等，这些因素都对肥料的利用率和肥效的发挥有着重要影响。相关农业研究表明，小麦田氮肥施用量超过 160 kg/hm² 时，1 hm² 增加 100 kg 的氮肥，硝态氮淋失深度和淋失量均显著增加，增加了地下水污染的风险。氮、磷、钾不平衡施肥处理可导致肥料利用率显著降低。由此可见，营养元素的不平衡施肥是肥料利用率降低的重要原因。

相关农业研究表明，与深施尿素相比，撒施尿素可以使小麦产量降低 2.72% ～ 11.57%，同时氮肥利用率降低 7.2 ～ 12.8 个百分点。姬景红在黑龙江省白浆土上的试验表明，在高肥力地块上磷钾肥得到满足的情况下，施氮量 200 kg/hm² 与施氮量 130 kg/hm² 相比，氮肥偏生产力降低 30.3 kg·kg⁻¹，但产量不仅没有增加反而降低 122 kg/hm²，同时农学效率也降低 11.4 kg·kg^{-1}。邬刚等通过调控肥料的基追比例、肥料种类的比例发现，氮肥使用量较多的传统施肥模式与减少氮肥用量、平衡磷肥和钾肥比例的调控施肥模式相比，显著增加了温室气体 N_2O 的排放。综上，施肥技术落后是目前中国肥料利用效率低、污染严重的重要原因。

磷是引起水体富营养化的重要元素，据报道，水体中只要含 0.02 mg·kg^{-1} 的磷即可导致水体富营养化，而经由水体被带入一些湖泊的总磷量中的 14%～68% 来自农田径流，这是目前中国的几大湖泊几乎均存在水体富营养化问题的重要因素。同时，磷肥由自然界中磷矿石加工而成，磷矿石除含磷酸盐矿物外，还含有相当数量的重金属杂质，被公认为对人类最具威胁的主要有毒重金属之一镉的 54%～58% 因磷肥施用而进入土壤。

（二）化学农药污染现状

化学农药是植物保护不可或缺的农业生产资料，对提高农作物产量发挥着至关重要的作用。长期大量使用化学农药，使病虫草害产生了抗药性。农民为了提高药效任意加大农药使用浓度，使得农药对环境的污染越来越严重。大量使用化学农药还杀灭了害虫天敌，破坏了生态平衡，使虫害发生更加严重，使得农药使用陷入越用越多的恶性循环。农药还可随风飘浮，飘浮农药不仅可造成相邻农田作物遭受药害，还会对人畜健康造成威胁。据报道，在地球两极地区大气中也测出有微量的农药残留。作物拌种剂与土壤处理剂等化学农药 100% 进入土壤，其他各种化学药剂会有 80% 进入土壤，并最终进入水体，对水生生物产生影响。这些化学农药一旦污染饮用水，将会严重危害人和动物。

（三）农膜污染现状

农膜，也称为薄膜塑料，主要用于覆盖农田，通过提高地温、保持土壤湿度、促进种子发芽和幼苗快速增长，以及抑制杂草生长等方式，对农业生产起到重要作用。农膜的主要成分是聚乙烯，根据其使用场景和功能的不同，可以分为地膜和棚膜两种主要类型。农膜覆盖能保温、保水、保肥，减轻杂草危害程度，提高农作物产量。中国农膜覆盖技术起步晚，但发展快，目前已成为世界上农用塑料薄膜使用量最大的国家。农膜覆盖具有增温、保墒、除草等多种功能，对促进中国农业发展发挥了重要作用。

由于重使用、轻回收，中国农膜残留污染问题日益凸显。中国当季农膜回收率普遍低于2/3，特别是超薄地膜，老化后易脆难回收，而且含秸秆、土壤等杂质多，回收后再利用成本高。根据2016年原农业部监测数据，中国所有覆膜农田土壤均有不同程度的地膜残留，局部地区亩均残留量达4～20公斤，个别地块的亩均残留量达到30公斤以上，相当于6层地膜。

大量农膜残留在农田，对土壤和周围环境造成了严重污染。如果地膜残留在土壤里，不仅会影响田间机械化耕作，而且会破坏土壤结构，影响作物水肥吸收，阻碍根系生长，导致作物减产。残留地膜中的增塑剂、抗氧化剂等有机物质还可能释放到土壤中成为有机污染物。如果地膜残留在田间地头，被风吹至田野树梢、房前屋后，将影响农村环境卫生。如果抛弃在牧草或水体中的残膜被牲畜等食入，会因难以消化而贮存于胃中，轻则造成消化系统疾病，重则导致死亡。当然，地膜残留是一个逐渐积累的过程，如果农田残留量不高，其造成的环境影响相对较小。但中国很多地区的覆膜时间已经近40年，残留污染问题已非常突出，到了亟须治理的时刻。

（四）开荒造田对环境的影响

随着中国经济的快速发展，农业的产量需求也在不断加大。人们为了增加粮食产量和收益，积极地开荒种田，毁坏部分林地，从而寻求农业的快速发展，人们的乱砍滥伐使得林地面积逐渐减少。同时，由于人们的盲目开垦和过度放牧，形成严重的水土流失，导致自然灾害频繁发生。

（五）秸秆对环境造成的污染

随着中国土地种植面积的增大，农作物的秸秆产生量也越来越大，其中大面积的秸秆被就地烧毁，加大了空气中一氧化碳和二氧化碳的含量，造成严重的大气污染。焚烧秸秆导致城市中的雾霾现象越来越严重，每年都有大批人因为空气问题生病，呼吸道疾病的发病率急速增长，给人们的生活以及健康造成了极大的威胁。

1. 污染大气环境

秸秆中含有氮、磷、钾、碳、氢元素及有机硫等。特别是刚收割的秸秆尚未干透，经不完全燃烧会产生大量氮氧化物、二氧化硫、碳氢化合物及烟尘，在阳光作用下还可能产生二次污染物。这些物质都对大气质量造成了严重影响。

2. 影响人的身心健康

露天焚烧产生的烟雾含有大量的氮氧化物、光化学氧化剂和悬浮颗粒等物质。当可吸入颗粒物浓度达到一定程度时，对人的眼睛、鼻子和咽喉等含有黏膜的部位刺激较大，轻则造成咳嗽、胸闷、流泪，重则可能导致支气管炎发生。秸秆焚烧区域、时段均相对集中，大量烟雾对中老年和儿童及患有呼吸道疾病的人造成很大影响。

3.影响交通安全

露天焚烧秸秆、垃圾、树叶、杂草等带来的一个最突出的问题就是焚烧过程中产生滚滚浓烟，直接影响民航、铁路、高速公路的正常运营，对交通安全构成潜在威胁。

4.破坏土壤结构

秸秆是农业生产主要的有机肥原料，也是生产有机农产品必不可少的资源，一把火烧掉非常可惜。同时，焚烧秸秆影响作物对土壤养分的充分吸收，直接影响农田作物的产量和质量，影响农业收益。在农田焚烧秸秆使地面温度急剧升高，能直接烧死、烫死土壤中的有益微生物，会使土壤的自然肥力和保水性能大大下降，土壤水分损失65%—80%，板结不耐旱。

5.火灾隐患重重

焚烧秸秆、垃圾、树叶、杂草等极易引燃周围的易燃物，尤其是在村庄附近，一旦引发火灾，后果将不堪设想。

第二节 农村种植业环境污染治理

一、化肥污染治理

加大科技研发投入、推进农用地污染治理和农业绿色转型，是实现农业高质量发展的必由之路。在推动农用地污染防治和农业绿色转型发展过程中，发达国家普遍重视发挥企业的能动作用，并在立法、政策、推广等方面给予大力支持。在中国，虽然也有很多企业在农用地污染治理和生态农业方面进行了大量探索和创新，但在技术产品的实际推广过程中却面临着重重困难，使得大量先进适用技术难以得到及时推广和应用，这种现象值得人们反思。事实上，在全国农用地污染治理和农业绿色转型发展中，企业只能发挥"点"的作用，很难解决全国范围"面"的问题。政府作为国家治理体系的核心力量，对农用地污染的防治有着当然且法定的责任。因此，在化肥农药减量和土壤污染治理的攻坚时期，政府必须发挥引导作用，出台政策，搭建平台，对企业和科研机构研发的先进技术和产品的推广应用给予支持，以制度和技术推动农用地污染治理，进而促进农业高质量发展。为此，建议在以下方面予以优化：

第一，完善农用地土壤环境保护的相关立法工作。在《中华人民共和国土壤污染防治法》（以下简称《土壤污染防治法》）的基础上，进一步明确各部门的责任，规范农业生产活动，细化土壤污染防治的举措。借鉴欧美国家的先进经验，在国家层面制定"农药管理法"和"化肥管理法"，强化农药的登记和再登记管理，实施农药生产、经营、使用全过程监管。参考欧盟做法，实行化肥总量控制，强化化肥的科学合理使用。鼓励多用有机肥，提高化肥的有效利用率。参照美国、巴西等国的做法，采取国家立法形式，在大豆等豆科作物种植中强制推广普及根瘤菌接种，大幅减少氮肥的使用。制定相关措施和行动计划，大力推行农业生物技术，推广畜禽粪污综合利用技术，开展秸秆还田与秸秆肥料化、饲料化、基料化、原料化和能源化利用，持续强化和完善测土配方施肥的技术与产品，确保土壤改得好、肥料减得了、氮磷控得住、品质提得高，从质量和数量两方面确保中国农产品的双重安全。

第二，加大农业面源污染和土壤环境监督执法力度。结合国家生态文明体制改革"1+6"方案，将农业面源污染和土壤环境质量监测纳入国家生态环境监测网络建设。补充完善监测点位，根据各地不同情况增加特征污染物监测项目，提高监测频次，准确把握各地区农用地的土壤污染情况（主要污染源、污染类型、程度、面积、分布等）及其对农产品质量的影响。建立土壤生态环境质量基础数据库，搭建全国性土壤环境信息化管理平台，为开展及时性、精准化的土壤安全管理、土壤污染防治、土壤综合改良乃至测土配方施肥等提供基础。加大对农业面源污染、土壤生态破坏、农产品安全等的监督执法力度，将减少农业污染、保护土壤安全、推进农业高质量发展纳入地方领导干部的政绩考核和自然资源资产离任审计。

第三，制定和完善绿色农业标准体系。借鉴国际上"双指标"和"分级标准"的经验，由政府组织制定土壤环境质量标准，研究制定土壤污染因子的"全量"和"可溶态"双指标标准体系，为土壤污染的风险评估和风险管理提供科学依据。在"双指标"的基础上，再根据国情和不同地方的实际情况研究制定分级标准体系，为土壤的分级开发利用和土壤污染的修复治理提供标准性依据。及时制定或修订农业投入品生产、经营、使用、节水、节肥、节药等农业生产技术标准和规范体系，如肥料、饲料、灌溉用水中有毒有害物质限量，化肥农药包装标准、根瘤菌产品标准等。通过完善绿色农业、高质量农业标准体系，规范市场秩序，提高企业产品技术准入门槛，避免在激烈的市场竞争中出现"劣币驱逐良币"现象，保护企业的创新积极性。

第四，鼓励支持企业发挥创新主体作用。借鉴国际经验，以政府政策倾斜为引导，建立有利于绿色发展的农业政策体系，尽快从增产导向转向可持续、高质量导向，从主要依靠资源消耗转向资源节约、环境友好。

一是完善激励政策。扩大税收优惠范围、信贷扶持、专项资金支持等政策措施，调动龙头企业发展绿色农业的积极性，鼓励企业在农业绿色转型发展过程中更好地发挥创新引导作用。重点推进对有机肥料、生物农药的生产、使用各环节的补贴，有效降低其生产、流通、使用成本，提高农民的使用意愿，提高其市场竞争力和市场份额，加大对传统化肥农药的替换力度。必要时应考虑开征化肥税。

二是以市场机制为牵引。大力培育绿色农产品品牌，采取绿色产品认证、生态标志、农超对接、农市对接、政府采购优选等方式为绿色农产品打开销路、提升附加值，通过市场机制刺激绿色农业生产，形成良性循环。

第五，建立健全生态农业技术推广示范体系。完善科技成果转化机制，搭建科技成果转化平台，规范各类农业科技重大项目的招投标管理。由基层政府的农业部门或科学技术委员会牵头，借鉴美国、澳大利亚、巴西、阿根廷等农业发达国家的先进经验，成立由政府、农业协会、科研院所、大学和企业共同组成的农业科技推广体系，组织开展面向广大农民、农企和经销商的农业先进适用技术推广培训，加快新型肥料、农药相关科研成果的推广示范和应用引导。此外，还可以探索建立一批不同类型的化肥农药减量增效示范农田和示范区，充分发挥其引领、示范与标杆作用。

二、有机磷农药污染治理

有机磷农药在环境中残留严重，若处理不慎可能会导致严重的生态与环境效应。有效的有机磷农药污染治理措施是降低其生态与环境风险的重要手段。目前，有机磷农药污染治理措施主要分为非生物处理技术和生物处理技术两大类。非生物处理技术包括化学氧化法、催化水解法和伽马辐射法等。该类技术的主要原理是用化学方法直接将有机磷农药分解成无毒形式；另外一类是生物处理技术，主要原理是应用微生物功能基因及其产生酶降解有机磷农药，该方法因其不会带来二次污染且成本低廉等优势而被广泛应用于有机磷农药的污染治理。

（一）生物处理技术

生物处理技术可无害化处理污染物，丰富环境的生物多样性且成本低廉。目前，有很多关于有机磷农药的生物处理技术的研究，主要是利用微生物降解的方法，不但可以最大限度地从环境中清除这些污染物，而且大大降低环境二次污染的风险。生物处理技术可无害化降解环境中有机磷农药，但许多微生物及其产生的降解酶对有机磷农药的最大降解限度平均只能达到70%。因此，采用生物和非生物相结合的方法来提升有机磷农药的污染治理效率非常有必要。

（二）有机磷农药污染防治策略

为了减少有机磷农药对环境的污染，又能确保农业产量，推广新型易降解的绿色农药是必不可少的举措。同时，在政策的规范下，加强监管力度，禁止滥用有机磷农药，提高施肥利用率，增强民众的安全与环保意识，以便从根本上解决有机磷农药的污染问题。

一是支持技术创新，推广新型易降解农药的发展。绿色高效的新型农药是解决有机磷农药对于环境污染的根本之法。一方面，需要科技创新型人才投入大量的时间和精力研发高成效、低毒性、易降解的新型农药和绿色化肥；另一方面，政府应该加大对于科技创新的投入，鼓励农业、企业和科研机构积极研发绿色化肥产品和新型农药，实现真正的技术创新，从根本上解决有机磷农药的环境污染问题。

二是提高施肥利用率。目前，农业生产区主要采用喷雾、扬撒等施肥方式，这导致大部分施用的有机磷农药进入了水体、大气和土壤等，作用于靶标动植物的农药占比很少，所以提高已施用有机磷农药的利用率、改善大剂量低利用率的恶性施肥方式对于改善环境污染至关重要。在日常生产生活中，可采用精准施肥方式，做到近距离快速、高效施肥。

三是加强监管力度。政府等相关部门应该加大对农业生产领域的水体、土壤等农药残留量定期筛查和不定时抽查，倡导农民按照种植量合理使用农药，切勿超标滥用。同时，加大违规农药的检查，对于违规售卖农药的商户予以严惩。

四是加强公众安全意识与环保意识。有机磷农药中毒事故频发，加强有机磷农药生产者、使用者和其他接触者的安全意识，是避免不必要安全事故发生的必要条件。同时，实现农业绿色发展，农民的广泛参与必不可少。应大力向农村宣传和普及绿色创新科技的先进性和必要性，使创新施肥技术做到精准施肥，保证人人会用新技术、爱用新技术，懂得保护环境并从自身做起。更应该建立相应的监督、奖惩机制，激励人们更积极地投身于环境保护的事业中。

三、农膜污染治理

加强农膜污染治理是治理"白色污染"的重要内容，也是促进农业农村绿色发展的内在要求。农膜污染本质上是环境保护与社会经济协调发展的问题，使用农膜有助于降低生产成本、提高农业产出，但是大量农膜残留在农田里又会污染土壤和周围环境。随着中国经济社会发展进入新时代，农业的主要矛盾已经发生深刻变革，推进农业绿色发展已经成为社会各界的普遍共识，加强农膜污染治理已是大势所趋。但是稳步推进农膜污染治理工作需要进一步明确思路目标，厘清农户、企业、政府等各相关利益主体的责任范围。

一是明确离田目标，尽快完善废旧农膜回收体系。在认识上要将地膜回收定位为农田污染治理，而不是为再生行业提供原材料，残膜离田是第一位的。对于地膜用量不大的地区，要允许将废旧地膜作为垃圾处理，纳入农村垃圾回收体系；对于地膜量较大的地区，要以离田回收带动后续的资源化利用，扶持建立回收加工再利用体系，不能以回收后不好处理为由不进行回收，也不应该因为回收成本高就不进行回收，更不能坐等可降解地膜时代的到来。

二是创新性落实地膜新国标，实现源头控制。落实新国标地膜是推进地膜污染防治的关键一招。地膜质量标准提高后，地膜不易破碎，既可以降低回收难度和回收成本，也可以降低残膜加工再利用的成本。长期以来，农民已经习惯了超薄膜的使用，现在要转到新国标地膜存在一定难度。要加强市场监管，打击不合格地膜的生产和销售，充分发挥基层创新精神，加强宣传引导，积极探索以旧换新、示范推广等各类适合当地实际情况的新国标地膜落实机制，让农户真正认识到使用超薄地膜的危害和使用标准地膜的好处。

三是加强支持政策创设，强化末端治理。需加大财政支持力度，支持市场主体参与废旧农膜的回收加工利用，鼓励供销社参与地膜回收再利用，共同分担环境治理成本，同时需尽快完善现有的支农财政政策，鼓励和支持农户参与废旧农膜的回收行动，真正实现耕地地力补贴与农户行为相挂钩。需创新成本分担机制，通过建立回收基金等方式激发生产者参与残膜回收再利用的积极性，探索多种形式的地膜生产者责任延伸机制，在用电、税收等方面给予废旧资源再利用企业一定的优惠。

四是逐步构建农田污染长效治理机制，实现综合治理。做好农膜治理工作，既要立足当下，更要着眼未来。一方面，加强技术研发和应用推广，探索更多可行的农田污染治理方式，在规模经营主体中加大适宜性农膜回收机械推广，在小规模、高价值的经营主体中加大适宜性全生物可降解地膜的应用；另一方面，要完善监督方式，构建基层环境保护监督体系，发挥媒体监督作用，将地膜污染作为农田环境保护的重要内容纳入乡村振兴考核指标体系，确保地膜污染治理取得实效。

四、秸秆治理措施

（一）将秸秆作为生物质资源加以利用

秸秆资源的多级循环利用是秸秆资源高值化利用的一种重要模式，其特点是将秸秆资源作为一个重要的子系统引入整个农业生产系统的循环路径当中，寻求秸秆资源合理的环境友好的高效利用方式。目前，我国秸秆资源利用方式单一、产业链条短、经济效益差、产业化程度低，严重制约了秸秆综合利用水平的提高。因此，按照循环农业的理念，通过发展以秸秆资源多级循环利用为特征的循环型农业以及秸秆资源为底物的工业生产方式，从而增加秸秆资源的附加值，提高秸秆资源的利用率，将是未来我国秸秆资源高值化利用发展的重要方向。

（二）秸秆还田

秸秆还田，是利用秸秆进行还田的措施，为世界上普遍重视的一项培肥地力的增产措施，在杜绝了秸秆焚烧所造成的大气污染的同时还有增肥增产作用。秸秆还田能增加土壤有机质，改良土壤结构，使土壤疏松，孔隙度增加，容量减轻，促进微生物活力和作物根系的发育。秸秆还田增肥增产作用显著，一般可增产 5% ～ 10%，但若方法不当，也会导致土壤病菌增加，作物病害加重及缺苗（僵苗）等不良现象。因此采取合理的秸秆还田措施，才能起到良好的还田效果。

第三节　农村养殖业环境污染治理

中国对于养殖污染的实际研究起源于 20 世纪 90 年代，并且先从城市的养殖污染开始，逐渐扩大到农村地区的养殖污染。农村地区的养殖污染不仅会对农户产生影响，还会影响农村的形象，对于整个乡村规划的建设也有不利的影响。对此，越来越多的专家逐渐关注起农村的养殖污染问题，并开展了相关研究活动，以探究出治理农村养殖污染的方法。伴随着中国养殖规模的不断扩大，农民收入在不断增加的同时，养殖过程中产生的动物粪便以及生产污水的排放都造成了十分严重的环境污染问题。养殖户的环保意识十分缺乏，导致了养殖过程中的污染物无害化处理不到位，最终造成了生态环境的恶化。所以，中国现阶段养殖业的发展重点在于对周边造成的环境污染的有效治理。特别是在环保观念大背景的不断推动和发展之下，对农村地区畜禽养殖造成的环境污染进行治理已经成为全社会都十分关心的问题和热点。

农村的畜禽养殖污染主要分为三类：第一类为动物的排泄物污染。由于中国农村的畜禽养殖中产生的排泄物数量比较大，畜禽的粪便对环境造成了严重的污染。相比较而言，农村的畜禽养殖所造成的有机物污染超过中国所有工业生产带来的有机物污染总值。深究其中的原因，就在于一些基层地区的畜禽养殖过程中，养殖人员对周边环境的保护意识十分缺乏，这也导致了畜禽的粪便得不到及时、有效的处理。第二类是畜禽养殖造成的地下水污染。畜禽养殖产生的污水里含有大量的污染物质，较高浓度的污水未经处理就排放在河流湖泊中，由此地下水的水质不断下降。伴随着养殖规模在中国的不断扩大，养殖造成的污染已经成为中国水体污染的一个重要原因。丰富的有机物使得畜禽粪便是得天独厚的有机肥，但是也是污染的源头。如果排放缺乏合理的管控，就会对地表和地下水源造成严重的污染，进而严重威胁人体的健康。第三类就是对大气造成的污染。畜禽养殖过程中产生的粪便在发酵之后可以释放出多种有害气体，这种气体不仅会让动物出现应激反应，对人的身心健康也造成了极大的伤害，还会污染居民的居住环境，对周边的空气造成污染。

畜禽养殖污染治理是指对发生在畜禽养殖地区的生态污染问题进行治理，通过改善养殖地区的环境，实现适宜人居的目标。主要的办法就是人为改造，以畜禽养殖综合体为主要形式，对于养殖区域的自然环境和资源进行有序开发，并通过一定手段预防和治理畜禽养殖废弃物带来的污染和破坏。在畜禽养殖污染治理的过程中，既要考虑实际的生态保护，还要兼顾环境的良好发展，达到人与自然的和谐共处。

一、中国畜禽养殖污染治理立法的现状

（一）国家层面的立法现状

目前中国已施行的涉及畜禽养殖污染治理的法律共有八部，包括《中华人民共和国动物防疫法》（以下简称《动物防疫法》）、《中华人民共和国固体废物污染环境防治法》（以下简称《固体废物污染环境防治法》）、《中华人民共和国水污染防治法》、《中华人民共和国清洁生产促进法》、《中华人民共和国大气污染防治法》（以下简称《大气污染防治法》）、《中华人民共和国循环经济促进法》、《中华人民共和国畜牧法》（以下简称《畜牧法》）和《中华人民共和国农业法》（以下简称《农业法》）。八部法律中直接提及畜禽养殖污染的法律有四部，分别是《畜牧法》《农业法》《固体废物污染环境防治法》和《大气污

染防治法》，其他法律与治理畜禽养殖污染间接相关。其中，《畜牧法》是中国第一部也是目前唯一一部关于治理畜禽养殖污染的明确且详尽的法律，规定了中国畜禽养殖应具有的污染防治设施、备案措施和监督方式等。

（二）相关行政法规和部门规章制度

《畜禽养殖污染防治管理办法》《畜禽规模养殖污染防治条例》《畜禽养殖业污染排放标准》和《畜禽养殖业污染防治技术规范》是畜禽养殖污染治理较为重要的法规，为中国畜禽养殖污染的治理技术、排污标准和管理原则提供了详细的指导。

（三）各地区规章制度

除了国家和政府各部门对畜禽养殖污染治理出台了相关法律法规外，各地区的政府部门也针对当地的畜禽养殖污染现状，制定了相应的地方性法规。例如，2013年黑龙江省环境保护厅和省畜牧兽医局联合编制的《黑龙江省畜禽养殖污染总量减排技术指南》，根据黑龙江省规模化畜禽养殖场、养殖小区、养殖专业户的实际情况，对畜禽养殖全过程防治原则和要求、畜禽养殖污染治理单元技术和装置（畜禽养殖清粪方式、好氧处理、粪便焚烧发电等）、畜禽养殖污染减排措施、畜禽养殖污染治理工程建设验收及安全运行管理等方面进行指导。随后辽宁省也制定了《辽宁省畜禽养殖业污染总量减排技术指南》，推动了地方畜禽养殖污染治理法律法规的发展。2014年辽宁省《关于加强畜禽规模养殖场粪便污水治理促进农业源减排工作的通知》出台，对畜禽规模养殖场粪便污水治理提出了技术性的分类指导，促进废弃物资源化利用，为推进畜禽养殖污染治理添砖加瓦。又如，贵州省出台了《贵州省畜禽养殖污染防治条例》，广西壮族自治区出台了《关于广西畜禽规模养殖污染防治工作方案》。以上地方性法规均试图调整人们对畜禽养殖废弃物的态度，并通过法律法规的强制力保障推进畜禽养殖废弃物的资源化进程。

（四）专门化的规范文件

此外，还有一些关于畜禽养殖污染治理的专门化的规范文件。如2015年国务院发布的《水污染防治行动计划》指出，要科学划定畜禽养殖禁养区，对畜禽养殖产生的污染物资源化利用、散养密集区的畜禽粪便处理也提出了要求。2017年中华人民共和国农业部（现中华人民共和国农业农村部）制定的《畜禽粪污资源化利用行动方案（2017—2020年）》指出，要根据不同区域的实际情况推广技术模式，并提出具体保障措施。同年，国务院办公厅发布的《关于加快推进畜禽养殖废弃物资源化利用的意见》指出，要完善畜禽养殖污染监管制度、责任制度和考核制度。

二、中国养殖业经典治理模式

（一）江苏省海安市"处置中心＋专业户模式"

海安市是全国闻名的畜禽养殖大县，畜禽养殖专业户以密集型分布的非规模化散户居多，周边环境"脏、乱、差"，缺乏管理，给当地的污染治理工作带来了很大的压力。自2010年起，环保部门对当地的畜禽养殖情况进行了全面普查，将养殖密度较大村镇统一纳入整治示范区，覆盖区域内的各种规模和非规模化养殖专业户。同时在示范区内筹建了畜禽粪便处理中心，形成了以五个处置中心为圆心的养殖小区，依托高校最新研究成果集中处理养殖废水，实现了节能减排。

这种"处置中心＋专业户"的集中整治畜禽养殖污染防治创新模式取得了良好的成效，海安市也成为南通市首批整治示范点。

（二）浙江省嘉兴市"南湖模式"

自 2013 年起，为彻底改善南湖区地表水水质，消除黑臭水体，规范当地的生猪养殖业，当地政府采取了一系列措施，包括在水源附近设立禁养区，对禁养区内的养殖场一律拆除，将以前散养无序的养殖业逐步向规模化、标准化养殖场转化，严格养殖准入制度，极大地改善了当地水质。

（三）上海市松江区"家庭农场模式"

在上海市积极推进循环农业的政策背景下，松江区结合本区资源禀赋和自身耕作方式特色，开创了中国首例种养结合的家庭农场模式。通过种养结合促使粮食生产基地、蔬菜基地与小型生态牧场相结合，达到使种植业用上有机肥、提高养殖业畜禽粪便转化利用率和减少污染的目的。具体而言，这种模式是农户在自有农场开展种植产业的同时发展适度规模化养殖业，将动物排泄物返回利用到作物种植上，将农业种植和畜禽养殖业有机地结合到一起，化废为宝，物尽其用，在降低了环境污染的同时节约了成本，真正做到了发展循环农业。

（四）黑龙江省"北方寒区模式"

黑龙江省不同于南方地区，它处于北方寒冷地带。相较于上述几个地区，其地理环境特殊，在长期的污染治理过程中探索出了独有的行之有效的治污方式。

合理利用沼气。沼气是一种可以大力发展的清洁能源，且利用生物发酵工艺对养殖业和种植业产生的废弃物进行处理即可生产。沼气这种清洁能源不仅在农村用途很多，而且发酵剩余沼渣和沼液还可通过处理转化为有机肥料。但是，在北方高寒地区，沼气生产过程容易受阻。黑龙江在有机肥厂辐射周边村屯治理畜禽污染的基础上，将沼气和有机肥粪便处理合理地结合在一起，保证了沼气的持续生产。

新型生物质燃料处理模式。这种模式是通过对各类畜禽排泄废物和种植业废弃物进行一系列的综合化无害处理后，将其转化成生物质燃料。这种生物质燃料属于清洁能源，成本低廉，且燃烧生成物无害，同时燃烧后的残渣还可用作有机肥料。

堆肥治理模式。这一模式是利用农户自有的堆粪场和化粪池作为场地来处理废弃物。这种方式因为就地取材，无须再额外新建处理装置，简便省钱，但是会产生臭气污染，带来新的环境问题。

厌氧、好氧相结合的发酵处理模式。这一模式主要是对液体废物进行处理，无法处理固体的粪便类废物。液体废物经厌氧、好氧相结合的新型工艺处理后，可达标排放，或者直接再利用于农田灌溉等。

污水处理与沼气处理相结合。该模式主要用于处理粪肥，可分为两部分：第一部分是通过污水处理装置无害化处理畜禽养殖生产的污水和尿液，使其符合国家相关排放标准，达到生产或者灌溉的目的；第二部分是对粪便进行厌氧发酵处理，产生用于发电、冬季取暖、炊具燃料等的沼气。虽然处理的面很全，但同时对场地和技术的要求也较高。

废弃物综合治理模式。这一理想模式是将农业生产生活各个环节产生的固体、液体废弃物集中到一起进行处理的综合方式。可以以一个村或者更大的区域作为试点，综合运行，能全面地解决农村污染问题。此种治理模式虽然可以全面地解决当地的废弃物，但是对技术有相当高的要求，运行难度较大，还不具备大面积推广的条件。

三、中国养殖业污染防治规划

（一）构建良性互动的共同治污模式

共同治理是指在公共生活过程中，政府、社会组织、企业、公民共同参与公共管理，发挥各自的独特作用，组成和谐有序高效的公共治理网络的一种公共管理模式。简而言之，就是多个利益主体为了实现共同的目标而共同行动，且多个主体之间的行动是和谐高效的。共同治理畜禽污染模式就是把共同治理的概念延伸到农村畜禽污染治理问题上，在农村畜禽污染防治中，形成政府主导、养殖者和村民共同参与、环保组织及个人共同监督的治污模式，充分发挥政府、养殖者、村民、环保组织的力量，并使各种力量之间能互相配合、高效互动，从而达到环境的善治。这里简称其为"共同治污模式"。

共同治污模式的实现需要从以下几方面着手：首先，多元化的主体参与。各主体要充分明确自己是共同治污主体的构成部分，只有各主体充分认识到自身治污的主体地位，才能形成良好的环保主人翁意识。其次，要有权责明确的治理范围。各主体要充分明确自身的治污职责，只有权责明确，才能各司其职、互不推诿。最后，要有相关机制保障。只有通过各种机制的建立和完善，才能协调各方的利益和行为，使利益主体共同发力，实现良性互动，保障共同治污模式的顺利运行。

1. 共同治污模式的参与主体

不论是多元化的主体参与、明确的治理职责还是保障机制的构建都离不开参与主体的力量，只有各参与主体正确认识其对环境保护的职责，形成生态环境的理念，才能形成共同治污的多元主体基础。因此，我们要做的首先是明确共同治污的参与主体。

（1）政府部门

根据社会学观点，国家的产生是基于维护公共利益的需要。而公共利益的实现需要由一定的机构具体实施，政府便由此产生。农村环境作为典型的公共物品，满足的是众多村民的公共需求，政府有责任和义务对其进行维护和治理。当畜禽污染在农村大肆发生，村民的环境权益不断受到破坏时，政府应首先承担起治理环境污染、维护环境的责任，这是其社会管理职能的体现，也是其作为社会机构的应有之义。而且只有作为国家力量代表的政府才能调动庞大的人力物力去为污染治理提供基础条件，也只有其能统率各方，协调多方利益，理顺治理体制，明确各方权责，提供相应平台让各利益主体发挥作用。

（2）养殖者

环境要素是人类创造价值的必备条件。在人们通常的理解中，养殖者以营利为目标，在整个生产行为过程中，对环境资源的需求与利用是伴随始终的，养殖过程也是对环境消耗的过程。但现实中，环境消耗的成本基本上大大低于其行为产生的后果，差额价值被养殖者占有，而环境成本则转嫁给了社会，侵害了大众的利益。养殖者作为利益既得者，理应承担起污染治理的职责。积极参与到污染治理中，才能彰显其社会责任感，也才能为以后的持续发展带来优势。因为越来越多的案例和数据表明，社会责任感同利润回报率有着相当大的正相关性。

（3）村民

人对自然的需要也是对环境的需要，而且这种需要还是建立在一定质量基础之上的，环境的恶化必然会威胁到人类自身的生存和发展。作为环境的需要者和享有者，我们每个人都理应承担起维护环境的责任。村民作为村庄的长期居住者，是村庄环境的直接接触者和享有者，理应维护村庄的环境，积极争取自身的环境权益。而且村民的日常监督管理作用无可替代，只有提高村民的环境意识，充分发挥其村庄环境保护者的角色，才能处理好污染治理。

（4）环保组织

环保组织主要是指从事环境保护相关活动的独立运转、不以营利为目的民间组织。环保组织具有自愿性和公共性的特征，它由一群热爱环境公益事业的个体组成，其宗旨是参与环保事业，为优美环境的实现发言献力。环保组织相对个体来说具有更专业的环保知识、更强大的人力，环保组织的特性和内涵都决定了其应该积极参与到环境治理中，发挥主体作用。

2. 共同治污模式中各主体的治污职责

只有各主体有明确的职责范围，才能认领明确的治污职责，各司其职，良性合作互动，实施好治理环境的各项工作。

（1）政府的治污职责

农村环境的公共产品属性及环境治理的外部性需要政府这个强有力的主体承担起治理的责任，而且政府公共管理的职能也要求政府切实承担起环境治理的职责。因此，在共同治理的模式中，政府还是处于主导地位。共同治理模式要求各主体参与，制定界限明确的职责范围，这就更要求政府提升管理和协调公共事务的能力。处于畜禽污染治理主导地位的政府需要从以下几方面完善污染防治能力：

第一，完善畜禽养殖的相关制度和配套设施。污染治理，制度先行。目前，中国畜禽养殖业还存在很多法律空白，一些部门制定的条例和法规也主要是针对规模养殖户和养殖小区，对庭院式养殖没有具体的规定，造成无法可依的局面。中央应根据养殖规模的大小出台相应的法律法规，不能只关注规模户而让一些散养户成为漏网之鱼。各级政府部门应根据区域环境承载力制定本区域的畜禽养殖的具体规定，包含养殖场的选址设置、污染物处理措施、污染排放标准、养殖用药、养殖的补贴标准、对不按规定标准养殖的养殖户的经济处罚和行政处罚措施、畜禽污染受害的补贴等。在制定法律法规时，要结合实际，注重可执行性。鼓励成立由畜牧专家、饲料公司、养殖者等参与的养殖协会，为协会的运行提供便利。加强对畜禽养殖的巡察，建立常态化的巡察制度。建立养殖信息公开制度，方便社会大众的监管，同时养殖者的表现要与其社会信誉、个人信用挂钩，用信息公开来倒逼养殖者按规定养殖。

第二，理顺环保工作机制。由于环境管理职能在实际的分配划定上过于分散、权责交叉不清，环境治理效果往往大打折扣。而且由于各个职能部门均有各自的分工侧重，造成面对污染不知道谁该管、该谁管、找谁管的现象。要厘清环保工作机制，应成立由专家、环保局、农业局、畜牧局等组成的工作小组，细化环保权责清单。建立政府环保问责机制，加强对环保职责履行的监督和问责，对没有尽到环保职责的单位和个人要严肃处理。将"绿色GDP"纳入地方考评体系，将农村环境治理作为地方官员的考核评价指标。

第三，加大畜禽污染治理的投入。一是加大资金投入。中央和省级财政要结合实际情况适当加强环境治理资金的拨付，特别是对一些财政困难的县市。做好此项资金的管理监督工作，防止资金挪用、滥用。地方财政资金一般很少有专门用于畜禽污染治理的预算，地方财政宽裕的地区应尝试设立环境防治资金。二是加强农村环保队伍建设。一般来讲，市、县环保局负有监管指导责任，当地政府具有属地管理责任，但在现实中，乡镇政府工作任务繁忙，无暇顾及治理工作。另外，乡镇政府没有环境执法权。结合区域现实情况，当地政府可以增加环保单位编制，壮大环保队伍。还可以考虑在乡镇建立环保所，环保所同时对乡政府和县环保局负责，具体管理乡镇辖区内的环境治理工作。同时，环保人员应加强培训和学习，提高自身的业务能力和个人素质。

第四，加强环境执法。法律和制度的生命力在于实施，如果不实施的话，就相当于一纸空文。环境污染问题得不到根治的很大原因在于污染者有法不依、执法人员执法不严。环保执法人员力量弱小、业务能力不强、守法意识不强，对违反环境保护法律法规的行为没有坚决予以制止和惩处，导致污染治理的成本高、逃避治理的成本低，给污染者以可乘之机。在完善相关的法律制度的同时，更要严格执法，对选址不合理的养殖场要坚决予以取缔，对偷排偷放污染物的企业及个人要着重处罚、重点监管。

第五，做好环保知识普及。环保工作的实现要靠所有人的共同努力，但当前民众尤其是农村村民对环保的认识程度不深，环保观念不强，对环保维权渠道不了解。因此，政府部门要加强环保知识宣传教育的业务培训和制度建设，培养一批高素质、专兼职结合的环保知识宣传队伍，充分利用电视、广播、互联网、进村入户等形式，强化民众的环保知识和理念，普及维权渠道，改变民众的环保理念，正确引导民众的环保行为。同时，积极推广安全污染少的饲料和喂养技术，必要时政府可设置相应的补贴，引导养殖者的养殖行为。在给农民普及环保理念的同时，更要注重对政府干部和村干部的环保理念的培育，使其认识到环保工作的重要性，摒弃落后的发展观。

第六，加强农村公共设施建设。政府要加强农村基础设施的建设与完善，改善农村"脏、乱、差"的村容村貌，实现农民的精神富裕。提高农民的环保意识，使农民成为污染问题治理的主动参与者、美丽乡村的建设者和维护者。

（2）养殖者的治污职责

畜禽养殖者作为畜禽生产的直接获利者和畜禽污染的直接产生者，更应积极承担环境治理的责任，践行绿色养殖的理念和行为。一些从事养殖的普通农户，文化素质不高，不愿配置污染处理设施，一方面是因为经济能力和庭院式养殖模式所限，另一方面是养殖者的环保理念不强。面对此种情况，更应加强养殖者对环保知识的学习，使其充分认识到污染的危害、污染对国家长期发展的严重不利影响，树立绿色养殖的理念。环境态度影响环境行为，从改变其环境态度着手，促使其行为方式的转变。日常养殖中，鼓励养殖户采用堆肥法或沼气法；在粪便运输过程中注意封闭，不要漏撒；设置合理的污水排放渠道；合理处置病死畜禽，尽量减少畜禽污染。新增养殖者在选址的时候应选择更合适的地点，配置好治污设施。

积极承担社会责任，保护环境。养殖者不在乎村民的环境利益，往往是因为其不承担污染治理的责任。作为养殖者，不论从个人当前利益还是从可持续发展的角度出发，都应该积极承担环境责任，创造良好的环境效益，而不是用牺牲环境来换取收入的提高。

（3）村民的治污职责

第一，要有环保主人翁意识。村民既是良好环境的直接受益者，也是农村畜禽污染的直接接触者和受害者，不论是为了自身的生活方便和身体健康，还是为了子孙后代的生存环境，都应树立环保观念，打破"熟人面子""人情关系"的约束，积极维护自身的环境权益，强化对污染的监督。

第二，善于抵制污染行为。只有环保观念还不够，最重要的还是付出行动，行动才是成功的先驱。不光要行动，更要采取正确的行动，寻求合适的环保维权渠道，不要因为不当行为造成邻里的不睦，更不能直接采取暴力方式进行维权。

（4）环保组织及他人的治污职责

环保组织是以环境保护为主旨，不以营利为目的组织。环保组织要牢记自身的宗旨，面对环境问题积极发声，为社会、民众的环境权益考量。各地要积极培育本地环保组织，吸纳环保热心人士的参与，壮大本地环保组织的力量，使其能够更广更深地参与到环境治理问题中。环保组织在关注城市环境问题的同时，也要更多地关注农村环境，积极监督养殖者的环境行为，为农村环境的改善建言献策、积极奔走。

大众媒体和网络应加强对污染问题的曝光，积极探寻污染问题发生原因，利用媒体的力量进行监督，引起民众的注意，唤醒民众的环境意识，督促政府机构和养殖者解决污染问题。社会各界人士也应对农村环境多一分关注，为污染治理增一分力量，只有人人都是环境问题的监督者、参与者、贡献者，才能实现优美生态环境。

3. 共同治污模式的实现机制

要想真正实现良性互动的共同治污模式，还需要有效的制度机制来保障各主体的权益、协调解决共同治污过程中遇到的难题，主要包括民主参与机制、信息共享机制、利益补偿机制等。各大机制协调配合、共同运转，才能推动共同治理得以实现。

（1）民主参与机制

共同治污主要强调的是各主体要参与到污染治理中，发挥多个主体的治污力量。因此，构建民主参与机制也就是治污模式实现的首要举措。民主参与机制应着重从以下几方面着手：

第一，社会主体的参与地位和权利法律化。各主体参与污染治理的地位和权利必须有相应的法律法规进行确认和具体化，这也是共同治污主体职责明确的法律化，可以为各主体参与污染治理提供合法合理的依据。

第二，参与形式多样化。除直接参与决策讨论外，还可以通过听证会、论证会，征求有关单位、专家和公众意见等方式实现共同参与。养殖者、环保组织、相关专业领域人员可以利用自身的技术优势实现合作研发、技术指导、法律咨询，以实现不同程度的参与。监督也是一种重要的参与方式，农民、社会组织及其他个人由于具有广泛性、专业性等特征，因此应该承担起畜禽污染监督的重要职责。

第三，规范参与程序。参与程序应该包括完整的流程，并辅以制度化的规定为保证。程序需要设计得合理、严谨并不失一定的灵活性，程序不仅仅为满足一定的形式要求，更重要的是需要通过形式上的完整来实现实质性的参与效果。

（2）信息共享机制

各主体掌握的资源多寡不均、力量不平衡等因素导致对环境污染的信息掌握不一致。各主体处于割裂式、碎片化的环境信息暗箱中，彼此间形成信息孤岛。这就为污染治理中的违法违规行为提供了滋生的土壤。因此要想实现共同治污，就得保障信息的共享。可以建立畜禽污染信息共享平台，为各主体提供信息对接的渠道。可在县级环保局网站上开辟畜禽养殖信息模块，模块主要包括养殖规模、排污设施建设和使用情况、允许排污量、实际排污量等指标，由专人负责该模块的更新维护，并公开监督电话、邮箱等随时接受监督。为了保障信息的真实性，可引入信息评估机制，聘请第三方进行抽检和评估。

（3）利益补偿机制

各主体的环境利益从长远来说是一致的，但在短期现实利益中会存在很多相悖之处，尤其环境的公共产品的属性很难排除"搭便车"的现象。为此，我们在共同治污模式中要建立利益补偿机制，通过利益的调整提高各参与主体的治污积极性。在确定利益补偿机制方面要注意以下几点：

第一，利益主体共同商定补偿的范围、对象、标准及方式。任何单方强制性制定利益补偿相关内容的做法都违背合理性与公平性。

第二，依照科学的方法和途径确定利益补偿标准。标准的确立要以污染治理成本、环境保护投入、污染造成的损失为评估基础，然后利益相关者就该生态补偿标准进行协商并达成共识。

第三，利益补偿方式的多样性。经济补偿只是利益补偿的一种方式，各主体对利益补偿的"个人标准化"，往往更容易引发矛盾。在共同治污模式中除经济补偿外，更应探索其他的补偿方式，如从资源配置、产业规划等方面进行补偿。

（二）加强畜禽养殖污染治理监管

1. 建立养殖场污染治理标准

近年来，随着养殖污染的日益加重，中国先后出台了《畜禽养殖业污染物排放标准》《畜牧养殖业污染防治技术规范》《畜禽规模养殖污染防治条例》等法律法规，在《环境保护法》基础上明确了畜禽养殖场的选址、布局、粪污处理工艺、污染物监测等技术规范。落实到具体的养殖污染治理监管中，就需要更加明确的、细节化的治理标准，不搞"一刀切"，尤其是针对中小规模养殖场，监管人员需要实地考察，针对不同养殖场的情况制定合理化治理标准，根据养殖场对周边环境造成的实际影响进行养殖污染监管。

2. 培育专业性监管人才，强化养殖污染监管能力

政府完善监管制度建设，强化养殖污染治理监管队伍建设，多渠道招纳一批有能力、有干劲的年轻骨干，可以通过与开设相关专业的高校对接，直接定向培养专业性监管人才，有针对性地开展人才培育计划。对于现有监管人员，应做好相关执法设备和装备的配备，开展专业化、常态化、生动化的监管人员专业业务培训。政府在污染处理过程中担负最主要的责任，要通过法律、行政等多样化的手段，从多角度、多层面出发，强化对畜禽养殖环境污染治理的监管能力建设，强化监管力量，加大监管力度，对工作中发现的超标排放养殖污染物、擅自停用污染防治设施或维护不到位等行为依法严厉处罚。监管部门在污染治理问题上应做到明确自身的职责，科学立法，严格执法。

3. 严格考核，加强监督

养殖污染治理过程中的监管行为应建立相关的目标考核机制，使畜禽养殖环境污染治理工作真正取得实际成效。政府成立专门的养殖

污染治理领导小组，制定具体化的考核评价标准，使考核更加细化、具体、明确有效、可操作性强。政府在相关部门年终考核过程中将畜禽养殖污染治理成效作为重要参考依据，将考核积极落实到实处，对于不作为行为进行通报，赏罚分明。

（三）提升养殖污染治理水平

1. 加大污染治理投资

政府应给予养殖企业相应的支持和帮助。为缓解养殖企业资金投入不足问题，政府可以通过落实财政项目补助政策，加大资金投入，将各项资金扶持制度与畜禽养殖场环境影响评价、养殖场备案情况、动物防疫条件合格证、畜禽生产经营许可证等相关情况挂钩，做好养殖场款项使用的监督，做到专款专用，也可以实行"先验后奖"的举措，严格做好各项支出的管理。审计部门定期进行核查，确保补助资金补到位、用到位。企业也应加强畜禽养殖污染治理经费保障，投入不低于总投资额 30% 的资金用于污染治理设施设备，有效提高粪污处理能力和效率。同时，企业通过有效的治理方式也可以拓宽产业链，将养殖废弃物处理成为再生资源。养殖场与蔬菜基地、种植大户和龙头企业紧密协作，通过组建多种类经营专业合作社或者签订相关消纳合作协议，结成风险共担的经济共同体，形成利益补偿机制，提高养殖收入。也可以让社会多元化投资者进行投入，多方位吸入畜禽养殖污染防治的资金，加上多元化的经济手段，如税收减免、信贷支持、价格补助等，充分吸纳地方和社会多方面的资金投入。

2. 加强污染治理配套设施的修建及维护

企业应通过多样化、创新性的举措，完善畜禽养殖过程中的环保设施，如通过与村镇政府的沟通工作，在最适宜的土地上进行养殖场环保设施建设。对于始终漠视环境保护、不进行环保设施建设的养殖户，环保部门有权对其进行关停、罚款的处罚，敦促其建设完善的环保设施。通过教育指导、宣传和项目支持的方式，农业部门加强对环境污染问题的综合整治工作。对于基层畜牧站，应通过停开产地检疫票及屠宰检疫票的方式，促使其建设完善的环保设施。地方政府应积极申请国家项目，积极引进社会资金，为环保设施建设引进充足的资金，为养殖户提供一定的环保设施建设项目资金支持。对于环保设施，应积极加强检修工作，积极验收资源综合利用成果。对于没有建设环保设施的养殖户，政府应加强其思想教育，促使其建设完善的环保设施，并对其进行定期检查。应在国家相关法律法规的要求下，对建有相应环保设施的养殖户进行考核、验收，看其是否符合相关要求，促使不符合要求的养殖户进行整改。养殖户应建立相对完善的环保设施，实现干湿分离、粪便有机回收处理。加强对某些环保意识淡薄的养殖户的教育工作，使其树立正确的环保观念。加强对环保设施的建设与维护，通过日常的监管工作，对养殖场的环保设施进行定期检查，使环保设施能够顺利运转。

3.创新养殖污染治理方式

（1）优化服务，探索合理的种养结合生态模式

依托龙头企业，围绕转变畜牧业生产方式，按照"养殖集中化、粪便资源化、污染减量化、治理生态化"的思路，大力发展资源节约型、环境友好型现代生态畜牧业，探索包括粪污全量收集、粪便堆积发酵、粪水厌氧处理等在内的种养结合循环利用模式。代表性模式有：

"猪—沼—果（田）"能源生态循环模式。根据果园、农田规模的实际情况，配套发展适度规模的养殖场。依据养殖场的规模，建设与之匹配的沼气池，开展沼液、沼气和沼肥的综合利用。主要设施包括沼气池、粪便发酵池、沼液氧化池和粪污循环利用管网，沼液通过管

网设施转运到果园（农田），做到循环利用。

"猪—沼—菜"生态循环模式。通过管道消纳附近养殖场产生的沼液，输送到蔬菜基地。

"管网配套—循环共生"模式。在存栏 5 万头以上的猪场做试点，猪场周边建设配套管网，无偿提供给周边的农田，实现局部区域内资源循环和生态平衡。

"秸秆—饲料—养牛、养羊"循环模式。在规模牛羊场做试点，消耗农作物秸秆和青饲料，实现农业生产的良性循环和农业废弃物的多层次利用。

（2）突出重点，规模养殖场基本实现清洁养殖

综合治理农村小养殖环境污染。认真贯彻"源头减量、过程控制、末端利用"的防治原则，大力抓好农村小养殖环境污染治理。引导小养殖企业逐步退出散养、退出庭院、退出村庄，引导进入规模场、进入合作社、进入市场循环，大力发展绿色养殖。对禁养区内的小养殖企业进行"三进三退"，对非禁养区内的小养殖企业完善治污设施，保证有匹配的粪污收集池和储存场地。要求直排的小养殖场建立工作台账，并要求其配备消纳池，建设与生产规模相适应的粪污储存池，逐步解决小散户治理难题，实现清洁生产。

创新思路，建立粪污收储利用中心。在粪污利用和污染防治上，严格落实养殖场（户）主体责任，采取各种措施，加强对畜禽粪污的科学处理和资源化利用，按《畜禽粪污土地承载力测算技术指南》等有关要求，严格落实粪污配套消纳土地面积，防止污染环境。在开展粪污资源化利用档案试点管理基础上，通过各种措施畅通还田利用渠道，明确还田利用标准，强化全程监管。

（四）加强对畜禽养殖企业的管理

1. 强化养殖企业的治理责任意识

畜禽养殖企业始终是作为养殖污染治理主体而存在的。因此，作为污染治理主体就应努力承担起环境保护的责任与义务。对于畜禽养殖企业来说，在不断扩大规模养殖的同时，还应探索发展种养一体化循环经济发展模式，可以通过较低的资本投入，建立资源有效循环利用、环境无污染的新型现代化养殖模式，形成"土地饲料供给，养殖肥料供给"的农业良性经济发展机制，对养殖粪便实现就近处理、就近利用，构建现代化、科学合理的种养关系。积极探求环境污染小、能耗低、可持续发展的绿色畜牧业发展之路，在有效提高经济效益的同时，实现对生态环境的保护。

2. 严格养殖场新建、扩建和改建审批

对于畜禽养殖场的建设工作，要严格按照土地承受力进行规划建设，对于某些新建、改建与扩建项目，要严格对周围环境现状、土地现状进行综合考评，之后做出是否应允的决定。各部门更要做好源头管控，严控养殖场各类项目的把关与审批，发挥各部门的职责职能，如环境监管部门要在环境监控发力，农业农村局和畜牧部门则需要做好各个养殖场的监控工作，土地管理局要对土地使用和批准建设实施全面监控。依据环境保护制度和土地审核制度，实现对畜禽养殖场的规范化建设。对于未经许可审批的新建、扩建以及改建项目，严格按照标准不许施工，同时农业部门也不能对其进行相关的资金补助。

3. 加强养殖污染治理信息管理

为了加强养殖污染管理工作，基层环保部门及畜牧部门应积极做好养殖污染治理管理，明确相关制度规定，根据要求对管辖片区内的

畜禽养殖业进行全面性摸底调查，详细记录调查结果，积极进行线上和线下的备案。环保部门担负起对已备案养殖场环境的全面监管责任，对养殖场存在的环境污染隐患给予必要处理，按照污染情况进行罚款处罚，并要求其进行整改。而对于始终没有配套的环保设施、污染严重、不注重污染处理的养殖场，在行政处罚的基础上使其关停，起到警示作用。被多次举报的养殖场应积极进行整改，整改后仍没有得到改变的，必要时也可与征信挂钩。通过网上信息互通方式，限制企业部分行为，促使养殖场主动积极整改。也可以通过线上方式促进部门间信息共享共通，有助于甄别养殖户上报信息的真实情况。同时，线上申报有利于养殖生产数据的动态性监管，信息更新更加及时，有利于相关部门明确掌握治理进度。

第四章　乡村振兴背景下的农村污水治理

第一节　农村污水治理现状

农村污水主要指县城以下的镇、村家庭住宅中排出的污水。这些污水主要来源于农村居民的生活活动，包括厕所污水（黑水）和生活杂排水（灰水）。具体来说，除粪尿外，农村生活污水的成分还包括洁具冲洗、洗浴、洗衣、厨房清洁用水等。与城市地区相比，农村的基础性公共产品尤其是污水处理设备严重缺乏，难以应对农村居民日益增加的污水量。部分农民环境保护意识淡薄，生活污水被随意排放的情况严重。由此可见，农村生活污水具备来源广阔、增加迅猛、处理效率低的特点。农村地区的污水治理工作是污水治理的重中之重，农村生活污水综合排放量大概占中国居民全年生活污水综合排放量的一半以上，这也是影响中国主要河道和流域地区水污染程度的重要因素。当前，亟待进一步打破目前农村生活污水的管理困局，走出一条适宜中国国情的新型农村污水综合治理之路。要把可持续发展的价值提升至绿色发展的高度，就必须充分地运用现代化治理手段和生态文明建设理论，循环利用现有的水资源，给后代留下更多的生态财富。

一、农村污水的来源与特点

（一）农村污水的来源

1.农村生活污水以及废弃物

农村生活污水是造成农村水环境污染的重要因素。通常来说，农村生活污水主要有两种类型：其一为灰水，即低浓度的生活污水；其二为黑水，即高浓度的生活污水。灰水主要是厨房、洗涤、洗漱方面的生活污水，而黑水的来源是厕所污水。从实际情况来看，农村生活污水的水质成分十分复杂，虽然含有重金属元素、细菌、病毒以及有毒有害物质，但浓度并不高，且易于生化降解。目前，农村居民的生活水平有所提高，农村旅游资源也得到迅猛开发，尤其是农家乐服务行业发展迅速。

在污水排放方面，大部分的农村生活污水都是以粗放型方式排放，其中，化粪池以及院外的排水沟渠是最主要的污水排放点。在农村生活污水中，黑水会直接进入化粪池，而灰水不仅能进入化粪池或排水沟，也常被直接泼在庭院中等待自然蒸发。需要注意的是，农村地区多以砖垒抹面沟渠作为雨水管道，但雨水与污水并不分流。在实际处理环节，洗涤废水与厨房废水的随意倾倒、卫生间化粪池的不规范建设、畜禽养殖废水的不达标排放等，都对水环境造成了极大的破坏，使地表水环境污染严重、水系富营养化严重，导致区域生态问题日益突出，从而影响了生态环境的可持续发展。

2. 乡镇企业排放诸多污染物

乡镇企业布局分散、规模小、经营粗放且环保意识比较差，大量的工业废水未经处理就直接排放到河流中，严重污染周边的水环境。工业"三废"对农业的影响和对农村的污染正由局部向整体蔓延。据调查，中国东部地区 3/4 的河流受到不同程度污染。因灌溉受污染的水而造成污染的农田已占农田总面积的 9.1%，全国有超过 8 000 万亩的耕地遭到不同程度的污染。随着现代化与城市化进程的加快，在城市难以生存的重污染行业和企业开始向农村地区转移，大量工业废水和废弃物在农村地区随意排放，给农村的环境带来严重的污染。

（二）农村污水的特点

1. 污染范围大，排放分散

中国大部分农村居民的居住范围比较广且不集中，污水排放也相应具有较为分散的特点。政府及相关单位难以对污水进行统一收集与集中式处理。在许多农村地区，生活污水排放与处理系统相对落后，加上农民的环保意识薄弱，经常出现生活污水未经处理直接排入河沟、沟渠等现象，对农村环境造成了严重的污染并容易造成疾病的传播。

2. 有机物含量高

农村畜牧养殖产生的污水，有机物、悬浮物及氨和氮含量极高。畜牧养殖的剩余饲料及动物排泄物中的氮、磷等易导致河流和土壤营养过剩，从而打破河流和土壤的生态平衡，使河流和土壤出现富营养化现象。

3. 间歇排放，水质差异性大

由于农村经济发展存在实际差异，不同农村地区污水的排放水质和排放时间各不相同，日变化系数较大，一般为3.0～5.0，日排放规律主要呈现出早、晚两个高峰期，其余时间产生的污水量很少。除此之外，受农作物、降雨及地理环境等多种因素的影响，农村污水还呈现出季节性排放规律，从而导致不同地区与不同季节的排放具有较大的差异性。

二、农村污水处理工艺选择原则

农村地区经济普遍比较落后、居民居住比较分散，而且大多缺乏专业的维修与管理人员等。应综合考虑各方面的因素，根据农村的自然、经济、社会等实际情况选择适宜的处理工艺，大致应遵循以下原则：

（一）经济适宜

中国是一个农业大国，广大农村地区经济比较薄弱、农民的实际承受能力较低，所以在选择农村污水处理技术时，应当选择运行操作简单、日常维护管理简单、投资小的技术，但是要保证技术成熟可靠、运行稳定，贴合当地技术和管理能力的实际情况。

（二）因地制宜

要针对中国农村地区的地形地势、道路交通条件以及居民住宅建设布局等具体情况，探索出因地制宜的农村污水收集处理方式，解决当前农村污水达标处理排放问题，保护水环境、节约水资源，促进农村地区的社会经济发展及资源与环境相协调。

（三）兼顾长远

选择工艺流程时，既要考虑满足当前的排放要求，还要适应今后的发展需要。农村生活污水的治理还应与农业生产紧密结合，农村生活污水经处理后可再循环利用，尽量将源头减量化、过程资源化、末端无害化，实现可持续发展。

三、农村污水处理存在的问题

（一）设计规模与实际存在偏差

中国多地的农村生活污水处理试点工程，均不同程度地出现了设计规模与实际处理水量不匹配的问题。造成这一问题的原因是多方面的，一方面设计单位不了解农村实际用水需求和排水特点，照搬城市污水处理模式，最终导致设计的污水处理量偏大，无法正常运行；另一方面是对于基础数据掌握不准确。

（二）工艺选择不合适

选择合适的工艺是污水处理的关键步骤。不同的污水处理工艺，其运行成本、管理维护要求和出水水质差别很大。对于经济相对落后的农村地区而言，污水处理并不是选择越"高新"的技术越好，而是应当充分考虑当地的实际情况，适宜即可。据调查，一些试点村选用生物膜法处理工艺，虽然出水水质很好，可以达到优质再生水（中水）回用的标准，但是运行费用高达 2.0 元 / 吨。农村的中水回用只需达到灌溉农田、果园的标准即可，而且农村中水回用是季节性的，在冬天就不需中水，这样就造成了浪费。

（三）缺乏相关政策和标准的支持

农村生活污水处理问题尚缺乏相关部门的政策支持，也缺乏相关标准的规范。农村污水处理技术五花八门，缺乏针对性。从具体的实践来看，现有的很多农村污水处理设施的建设与运行都遇到了不足的情况。目前，有关的政策和标准正在研究与编制中。

（四）缺乏专门的管理人员

目前，中国农村污水处理站的后期管理与维护大多由村民负责，人员的专业素质低，管理经验不足。污水处理站的管理体制也不健全，而且缺乏相关的检测手段。

（五）财政资金管理存在的问题

1. 财政资金收入管理存在问题

（1）环境保护税收入难以支撑农村生活污水治理

税收在国家宏观调控中发挥着不可或缺的作用，在国民生产部门中可以调节资本的分配，是政府财政收入的重要组成部分。环境保护税的征收虽然可以帮助政府实现保护环境的目的、发挥治理环境的作用，但是中国现有税收制度对于农村生活污水治理的调节作用是微乎其微的。2017 年 12 月，国务院颁布的《关于环境保护税收入归属问题的通知》要求"环境保护税全部作为地方收入"。根据财政部 2019 年财政收支情况汇总，全国环境保护税收入和全国节能环保支出分别为 221 亿元、7 444 亿元，同比增长 46.1% 和 18.2%，环境保护税的收入仍旧难以覆盖地方环境保护的相应支出，对农村生活污水治理财政支出的作用也是极其微弱的。环境保护税的立法化对于提升社会、企业治污减排的责任和意识具有很强的指导作用，但是《中华人民共和国环境保护税法》中并没有对环境保护税专款专用的明确要求，地方政府不能合法地在农村生活污水治理财政支出过程中对环境保护税收入进行分配和管理。中国税收体系课税对象范围狭窄，未明确对农村生活污水治理进行征税，这样就削弱了税收对于农村环境治理的调节作用。

（2）农村生活污水治理没有确立相关收费标准，依据不足

排污费体现的是"谁排放谁付费"原则，该费用的制定与实施对于中国农村生活污水治理意义重大，这在一定程度上拓宽了农村生活污水治理资金的来源渠道，缓解了政府财政压力。收取的排污费会放在财政部门的专项基金中，能极大地推动中国环境保护事业向前发展。但纵观此前中国各部委颁布的污水处理费政策文件，基本上都是围绕城市的污水处理费征收管理而制定的。目前，中国城镇地区污水处理收费制度相对完善，覆盖较全，因为城市的污水处理费通过委托当地的自来水公司，在收取水费时一并征收，缴纳意愿和实际缴费率都比农村地区高。对于农村地区的污水处理费征收，国家还未出台相关的政策文件，没有建立统一的农村生活污水治理排污费的征收标准，收费依据不足。即使有少数省份制定了农村污水处理费征收机制，但也并没有覆盖该省的全部区域，致使大部分农村地区的污水处理费用很大程度上依赖政府财政，通过中央的专项资金来维持农村污水处理的后期运营费用，财政负担较重，导致农村污水处理设施出现有钱建而无钱运营、大量农村污水处理设施"晒太阳"的现象。长此以往，农村环境不会得到根本性的改善。

（3）农村生活污水治理财政资金来源渠道单一

中国农村生活污水治理资金的来源渠道以国家资金投入和地方政府财政补助资金两大类为主。在农村，生活污水治理资金的投入是以农村环境保护专项资金为基础的，资金筹集补助的责任大多落在地方

财政上，以省、市（县）、乡来划分财政补助资金。中国是典型的传统农业大国，农村地区覆盖面大、人口众多，农村生活污水的排放量呈现逐年递增的趋势。

在农村，生活污水处理设施的建设被纳入村庄基础设施建设，生活污水治理的规划与设计、建成后的运营与管理维护等责任分摊给各级政府。各地区的财政预算没有将农村生活污水治理模块纳入其中，缺乏制度性与持续性，导致农村生活污水治理资金缺乏可靠的保障，政府财政能够提供的保障能力相对受限。

另外，农村生活污水治理具有极强的公益性，投入大、回报率低、见效慢，加上基层政府缺少专门的财政资金来维持污水治理，民间资本吸引度不高，村民自筹能力也不强，致使农村生活污水治理在财政资金上压力过大。长期来看，农村生活污水治理资金来源渠道单一，缺乏多元化投入和市场化运营机制。

2.财政资金支出管理存在问题

（1）城乡二元体制造成中国农村生活污水财政资金投入的地区差异

由于城乡二元分割的格局长期存在，财政资金投入的地区分布不够均衡，致使农村的发展与城市相比长期滞后，也使得城乡差距不断扩大。城乡环境保护的财政投资分配不均，但部分地区农村环境污染严重程度甚至高于城市。面对环境保护基础设施主要集中于城市的现状，无法直接套用城市工业污染防治的治理方式，农村生活污水治理陷入了资金和治理效果两难的境地。县级财政是农村生活污水治理资金的重要供应源，受城乡二元体制结构的影响，城市的发展占据着主导地位，县级财政的服务多集中于城镇。政府虽然是宏观调控的主体，在财政支出上向农村生活污水处理设施的投入予以倾斜，但总体来看供给总量稍显不足，一定程度上制约了农村生活污水治理工作的开展。

加之，污水处理设施建设重成本控制、轻后期运营，主观上一味追求低成本、不考虑使用效果的现象屡见不鲜，致使预算资金的及时性受到影响，治污资金有可能被挪为他用，农村生活污水治理财政资金管理难度增加。

（2）中央和地方财权与事权主体责任不明晰

财政事权是一级政府应承担的运用财政资金提供基本公共服务的任务和职责，支出责任是政府履行财政事权的支出义务和保障。1994年起中国全面推行分税制，经过长时间的运行与完善，在助推经济发展和增加财政收入上发挥着不可或缺的作用。但中国现行的财政体制在税收收入的分配上集中化程度较高，政府层级越低，可控财力越小。

随着新形势的发展，党的十九届五中全会后，中央调整发展战略，意图搭建符合中国特色社会主义制度、划分各级政府财政事权和支出责任的体系框架，但是现行的中央与地方财政事权和支出责任划分依然存在不明晰、不合理、不规范的缺点，对农村生活污水治理建设的财政投入方面产生了一定的不利影响。一方面，目前中国农村发展建设的投入机制以地方财政作为主要支撑，原本应由上级供给的公共产品支出责任，被转移到各地方政府尤其是基层政府肩上。基层政府承担的责任过大，县、乡（镇）政府和村集体承担了大部分的农村基础设施支出责任，但在财政管理体制上与主体地方并不匹配，加上城乡二元结构的存在，各级财政的大部分资金都集中于城市，限制了基层政府的自身可用财力，转移支付能力欠缺。

另一方面，农村生活污水治理多以项目工程的形式进行，基层政府及有关部门为争取更多中央和省级财政专项资金的支持，在项目前期申报论证中未从实际出发，忽略实际发展状况，盲目追求项目的高大上，在农村生活污水处理上选取繁杂工艺，造价昂贵，进而使得后期的运营，如人力维护、能源消耗、维修保养等耗费较多的资金，难以保证项目的有效运营，导致地方政府无法承担农村生活污水治理费用。在项目建成之后，转而移交给乡镇政府来管理，可是乡镇财力较为有限，使得设施运行维护的积极性受到影响，建而不用的"晒太阳"工程现象普遍存在。通过调查研究发现，责任主体不明确是遏制农村生活污水治理发展的原因之一。

3.财政资金监督存在问题

（1）农村生活污水治理财政资金监督管理不完善

财政监督是实现财政管理的重要环节，财政监督是对政府财政权的一种制约。财政监督的定义有广义和狭义之分。广义的财政监督指为了维护财政资金管理活动的秩序、促进社会经济稳定协调发展，财政部门、税务部门、审计部门、司法部门、群众组织、社会团体以及其他相关机构对预算内外资金的规模、结构和使用效率以及财政收支的合法性等事项进行的监督，具体包括财政收支监督、审计监督、司法监督、财政内部监督等。狭义的财政监督专指财政部门依照法律规定，对相关部门机构执行财税法律法规和政策的情况，以及财政收支相关事项的合规性和有效性所进行的监督检查活动。农村生活污水治理财政资金监督存在以下几方面问题：

一是实践中由于农村生活污水治理牵涉范围广，纵向上看涉及中央、省、市、县、乡五级政府，横向上看涉及财政、环保、农业、水利、建设、卫生、国土等多个部门，项目需要多方统筹协调。财政部门分管项目众多，难以及时掌握全部工程的实施情况，从而导致专项资金的监管弱化。

二是涉及监督对象、范围和时间方面。农村生活污水治理的财政和审计方面多有重叠，人大在财政预算的审查上未能认真严谨；财政监督方式不规范，重点以突击性、专项性和事后监督为主，轻视对日常使用管理过程的监督，问题逐步发酵，未能及时纠正；部分被监督单位对问题没有给予高度重视，检查监督流于形式，遇到监督时采取相应对策予以规避。

三是在法治保障方面，农村生活污水治理财政资金监督较为滞后。纵观当下中国的法律体系，主要在《中华人民共和国预算法》《中华人民共和国会计法》和《中华人民共和国税收征管法》中包含了有关财政监督的规定，且是原则性的条款，实际操作性不强，没有制定对导致财政支出重大决策失误人员的处罚措施，使得财政资源分配使用不合理、浪费现象日益加剧。

四是社会监督渠道狭窄。农民思想较闭塞，文化素质偏低，获取信息的渠道不畅通，信息来源途径主要是村委会和新闻媒体，但这两个渠道的及时性与准确性不强，提供的信息内容不全面，使得农民对农村生活污水治理方面的相关信息了解程度不深，对农村生活污水财政资金的使用也不知情，进而导致农村生活污水治理失去群众基础，配套的财政政策在实施上也难以发挥效用。

（2）农村生活污水治理财政绩效评价机制缺位

财政支出绩效评价是指各级财政部门和预算部门按照制定的绩效管理目标，采取科学合理及完善的评价指标、评价标准以及评价方法，对财政支出的合理性、经济性和效益性进行客观、公正的评价。有效的支出绩效评价是政府编制财政预算的重要参考。公共服务提供者根据该评价内容了解项目实施状况，通过对比预期目标，更好地完善公共支出项目。农村生活污水治理财政资金管理缺乏系统的考核与激励机制，体现在两个方面：

一方面，农村生活污水治理项目工程重建设轻运营，现有的财政支持模式通常为政府出资建设农村污水处理设施。财政部门非常重视农村环境综合整治专项资金的监管，但是一直没有针对区域内农村生活污水处理事务编制整体工作规划，缺乏严格的编制及审查规范。一些资金使用单位绩效管理制度不健全，存在预算执行率低、资金拨付周期长等问题，资金未被充分使用，甚至出现少数地区的政府将此项资金投入其他建设的情况。资金监管的薄弱造成农村生活污水治理效率不高、可持续性不强。例如，"一事一议"财政政策，缺少长期规划来保障农村生活污水治理资金的稳定投入，由于没有从长远角度进行考虑，缺乏全局性，缺乏系统性监管，致使农村生活污水治理形式化，责任不能真正落实，影响农村生活污水治理的实际效果。

另一方面，近年来国家重视农村财政资金制度建设，在管理、监督农村财政资金方面不断改善农村财政资金制度，但在财政资金支出绩效评价体系上仍不健全。根本原因在于财政资金支出绩效评价主要以财务制度、法规政策、合法合规的审计支出行为作为评价标准，没有重视对支出效率与发展效益方面的评价；只在意自身的支出项目，没有综合分析涉及社会、自然、政策环境等宏观因素的大型支出项目。而且因为农村生活污水治理财政投入的特殊性，其管理往往呈现为粗放型，在财政投入上多停留在基础阶段，不能很好地反馈支出绩效情况，不能为财政下一步的决策提供良好的参考服务。

第二节　农村污水治理策略

一、国际上农村污水治理经验与启示

（一）美国

1. 运营管理

美国的农村污水治理经历了从单一的集中治理到分散治理与集中治理并存的发展过程。20 世纪初期，由于当时污水处理理念的限制，美国对农村污水采用的主要处理方法是参照城市设立污水处理厂。由于受到管网建设成本的巨大压力，农村污水处理设施的建设比较缓慢，农村污水造成的环境问题逐步凸显出来。20 世纪后期到 21 世纪初期，分散式处理方法在美国逐步推广，美国开始制定相关的技术方法。"多级管理"是美国农村污水治理的典型特点，按处理系统的复杂性及其对周边环境的敏感程度分为五种管理模式：

第一，户主自觉制。户主为执行主体，各有关部门起配合维护作用，给予保养或注意事项提示，多用于对环境较低敏感的传统的分散式污水治理需求地区。

第二，保养合约制。专业技工为执行主体，以合约制管理，户主为签约另一方，多用于环境敏感中等强度地区，如低土壤渗透性地区。

第三，操作准许制。户主为执行主体，以限期的操作准许证进行制约，适用于类似于水源保护区的中等环境敏感区域。

第四，管理实体操作与保养制。执行主体不定，也以操作准许证进行制约，但准许证必须签于管理实体，适用于饮用水水源地等高度环境敏感区。

第五，管理实体所有制。系统的拥有者、管理者、保养者为同一实体，用于环境敏感度极高的地区。

美国在农村污水治理环节上取得成功，在很大程度上依赖于美国完善的分散型污水处理体系、分层多级管理、全方位运作运营和强有力的资金保障。在分散型污水处理政策体系方面，农村跟城镇适用同等的法律政策，把分散污水治理以及其他有关污水处理的相关规定形成法律条文或者政策。1987 年出台的《水质量法案》中就加进了治理面源污染的内容，要求各州建立计划和项目资助处理分散污水。同年的《清洁水法案》规定各州在联邦政府提供 80% 污水治理费用的同时，需提供同比的 20% 分别用于污水治理工程的建设与运营。

2. 成本负担方式

美国在处理农村污水处理设备运行维护成本方面与中国有很大的不同，采用多渠道融资方法，多方共同负担污水运行的费用，而不是完全由政府承担。对于不同的污水处理方式，主要有三种承担方式：①缴纳污水处理费。由需要集中处理的排污单位或用户进行缴纳，因经济条件限制没能力担负的用户，适当给予减免。②购买专业公司的服务。当污水治理设施不能满足用户的治理要求时，需靠专业公司定期上门服务，达到治理目的，用户则需支付相应的服务费。③用户自行管理维护。用户自己承担污水治理工作，不交排污费，但需购买许可执照，且出现违规现象时需缴纳罚款或接受相应的处罚。

3. 维护管理理念

在美国，污水治理是一项法律规定的项目，是一项公民必须承担的责任。在遵守相关法律约束的情况下，各州以自主模式治理污水，在相关非政府组织的监管下保证治理效果。

（二）德国

德国是第二次工业革命的发起国之一，鲁尔工业区的发展给德国经济做出了巨大贡献，但是带来的严重污染也让德国深受其害。因此，德国对于环境保护问题要求极为严格，有时候甚至是不惜成本的，其出水水质指标也是全世界要求最为严格的之一。为了保证能够达到如此苛刻的出水水质指标，德国在对待农村污水处理问题上走上了一条与别的国家不太相同的道路。德国的农村污水是以管道收集为主，每年在排水管道维护方面的投入就达到了两亿欧元，分散式污水处理方式仍然在研究与探索当中。

1. 运营管理

在德国，污水允许排放等级分为三级，一般情况均应达到一级指标，其中很多指标要远高于中国同等级。德国Ⅰ级标准与中国的Ⅰ级A标准相比，化学需氧量（COD）提高40%，总氮（TN）提高47%，生化需氧量（BOD）提高比例高达50%。大多数简单的污水处理工艺难以达到排放要求，因此，德国农村污水目前还是大多集中到污水处理厂处理。对于人口较少的农村，会有吸污车定期来取走村民产生的污水。不过，由于分散式污水处理具有很多优点，德国也在试验研究可以达到较高出水水质要求的分散式污水处理工艺，如膜生物反应器法。

2. 成本负担方式

对于采用吸污车进行收集处理的方式，主要的成本源于运输过程的资本消耗，处理设施成本较少。成本承担主体包括联邦政府、地方政府以及村民，其中联邦政府一般承担30%左右，地方政府承担

50%，剩余部分由产生污水的村民自行承担。由于污水治理过程中不涉及污水处理设施的需求成本，不会对农村的生活造成很大的负担。此外，因这种治理方式能够大大改善村民的生活环境，当地村民往往乐于承担这部分费用支出。分散污水运到污水厂以后，污水厂处理这部分污水需要的费用通常由地方政府承担。且对于城市中的污水厂来说，这部分水量所占的比例往往很小，通常不足 1%，因此成本增加不算很明显。

3. 维护管理理念

在德国，监管污水处理工程主要通过法律和财政规范，严谨的法律框架保证了监管的有效性与规范性，明确的财政规范保证了成本资金的可靠性。在运行过程中，地方政府自行监管，联邦政府在此期间的主要作用是平衡和协调地区之间供给责任和财政支付的差异，保证各地公共服务均等化。各级政府之间具有明确的分工，相互之间权责形成互补。德国以严谨的法律框架实现对农村污水处理出水水质的监管，这对中国有一定的借鉴意义。

（三）澳大利亚

澳大利亚相对呈现一种"地多、人少"的形势，人口居住分散，在农村污水治理过程中采用的是"非尔脱（FILTER）"污水灌溉处理技术，将过滤、土地灌溉与暗管排水相结合从而实现污水再利用。污水经农灌后被底部的暗管收集，在此过程中，一方面，污水为农作物提供了养分和水分；另一方面，通过农作物过滤以后的污水，其氮、磷含量均有不同程度降低。

1. 运营管理

"非尔脱"处理方式没有非常复杂的处理设备，只在农作物以下设置了污水收集系统，在平时运行过程中不需要很复杂的管理技术。因此，平时的运行管理主要由村民自主进行，政府提供一定的资金、技术支持，并对出水水质进行监管，对于出现排放不达标的情况及时予以处理。

2.成本负担方式

"非尔脱"污水灌溉处理技术建设及运营成本均相对较低，且处理后的污水可以用来灌溉农田。因此，灌溉系统的建设主要由政府出资协助完成，后期的运行成本主要由地方政府与农场主共同承担。

3.维护管理理念

根据统计数据显示，澳大利亚人均年收入接近 10 万澳元，在所有人口 2 000 万以上的国家当中排名第一位。人们更加看重生活的质量，对于污水造成的环境问题更加敏感，因此，澳大利亚对于农村污水处理的管理主要依靠村民自觉进行。政府的监管相对较弱，再加上大片的地区人烟稀少，政府对于水质的检测间隔时间很长，通常每年进行 2～3 次，这大大降低了政府监管的成本。澳大利亚对于农村污水处理设施的管理相对较为松散，以村民自觉为基础，这与其"地广人稀""人民富裕"的国情有着密不可分的关系。对于中国来说，澳大利亚的管理理念有着一定的借鉴意义，对于相对较为富足的农村，可以考虑将一些监管的权力下放，由当地村委会自行管理，定时对出水水样进行检测即可，这样可以节约大量行政资源与成本输出。

（四）启示

一方面，因地制宜，结合各地自然地理条件、发展规划及基础建设等相关因素，采取适宜的污水处理方式和管理模式。另一方面，重视农村污水治理市场机制和相关管理机制的健全，建立各级政府、各部门及社会组织、企业、个人的协调机制，充分调动社会力量，实现农村污水治理的可持续发展。

二、农村污水处理技术

（一）人工湿地技术

人工湿地是农村污水处理常用技术之一，这项工艺技术主要是利用自然湿地的土壤、植物和微生物的生态特性，从而实现对污水的净化作用。水生植物根系对污染物的吸收、吸附作用及生化转化是人工湿地技术去除污染物的主要过程。与高度机械化的人工污水处理系统相比，人工湿地不仅对高负荷污染物具有更高的耐冲击性，还对污染物有更强的去除力。同时，这种处理技术所需投资成本低、经济可行性高，适用于地势平坦、辽阔的农村地区。自 20 世纪初英国建立了第一座人工湿地以来，该技术用于污水处理已有 100 多年的历史，并且现在还在世界各地被广泛地应用于农村污水的处理。

（二）厌氧沼气池技术

厌氧沼气池技术因其建设成本低、运行费用低、能够满足长期使用等优点，是一项十分适合农村地区的污水处理技术。有机物的厌氧生物处理分为四个阶段：水解、产酸发酵、产氢产乙酸、产甲烷阶段。厌氧沼气池技术是利用人畜粪便等有机物，在厌氧条件下，通过沼气池内微生物能量代谢和呼吸作用产生甲烷等清洁能源。厌氧净化沼气池对农村污水中的 COD、BOD 及病原微生物等具有较好的处理效果，并且处理后的污水与污泥具有很高的肥效，可以被农户二次利用。同时，该工艺技术也经常与其他污水处理技术相组合，进一步提高了污水处理效果。方炳南针对义乌市农村生活污水的水量、水质特点，选择以厌氧消化为主、兼氧过滤相结合的处理系统，开发了"沉淀＋多级厌氧＋兼氧过滤＋多级生物滤池"组合工艺，提高了出水效果，还取得了显著的经济、环境及社会效益。

（三）土地处理技术

土地处理技术是通过人工调控的方式将污水导入土地，利用土壤与植物，进行一系列的物理、化学、生物净化，从而去除水体中的污染物。土地处理系统主要有快速渗滤、慢速渗滤及地表径流等。该技术投资低、控制方便、再生水质好，比较适合在荒地较多且位于居住区下风向的地区应用和推广。目前，中国上海市金山区针对农村污水处理就采用了土壤地下渗滤技术，出水水质好，主要污染物的去除率十分理想。

（四）稳定塘技术

稳定塘技术是一种低成本且高效的污水处理方式。稳定塘根据其特点及特性可以分为三类：厌氧稳定塘技术、好氧稳定塘技术及兼性稳定塘技术。该技术通过延长污水在塘内的停留时间，利用生物降解、光降解、吸附等生物、化学和物理作用去除废水中的有机化合物。稳定塘技术十分适用于农村地区的污水处理，可以充分利用农村农田、沟渠等作为塘体，不仅实现了污水资源化，还达到了节能减排的目的。但传统稳定塘有受气候条件影响较大、占地面积较大等缺点，因此针对这些缺点又不断优化和发展出了新型稳定塘，如高效藻类塘、多级串联塘、养殖塘等。当前，各种稳定塘技术及其组合工艺已发展得较为完善，可以有效地用于农村污水的处理。

（五）A2O 工艺技术

厌氧—缺氧—好氧（Anaerobic-Anoxi-Oxic，A2O）工艺技术属于常用的生物处理技术之一，该技术具有良好的脱氮除磷效果，且运行费用低，不容易出现污泥膨胀的现象，是一种常用的二级污水处理工艺。但由于该技术所涉及的生化反应类型较多，同时农村污水又具有水质水量波动大、来源较广等特点，导致 A2O 工艺技术在处理农村污水时存在一定的缺陷，因此一般不单独将该技术用于农村污水的处理。目前，通常将此技术与膜生物反应器（Membrane Bio-Reactor，MBR）联用，且该工艺技术在农村污水处理领域已发展得较为成熟。针对农村生活污水和微污染河流特点，高术波在引进多级土壤层技术的基础上，结合太湖流域农村生活污水水质特点、当地的土壤类型特性及可利用的农村废弃资源，经过改进形成了适合太湖流域农村生活污水的处理技术，并建立了示范工程，出水可达标排放。

三、农村污水处理策略

（一）治理标准专业化

所谓治理标准专业化，一方面是指污水排放标准应根据不同排放环境的需求制定相应的标准；另一方面是指地区的环境敏感度应该有专业的界定范围；再者，加强技术标准规范化。中国农村污水治理尚处于发展初期，没有针对性的排放标准，多参考城市标准。在农村，受生活环境的特殊性与用水特点的影响，水处理相关标准应区别对待。如农村的污水有时候会用于农田的灌溉或者是排入山林，起到涵养水源的作用，但其水质与渔业用水在氮磷含量要求上差异较大。农村污水排放标准应向着多样性和针对性方向发展，即标准制定要覆盖污水排放的各个方向。参考各污水治理工艺的适用性，严格界定各地农村环境敏感度，一方面方便处理工艺的因地制宜，另一方面可依据各地环境敏感差异制定不同的排污标准。污水处理技术应用受典型的地区差异性和工艺特性的制约，应制定典型污水处理工艺的设计规范与运行管理规程，并配合相关的法律法规。

（二）法律法规配合化

农村污水治理法律法规的作用主要有两方面：一方面，用法律来规定人们必须遵守的制度，如交排污费、排放达标水质、配合污水治理工作等，并对不遵守规定的现象予以惩罚；另一方面，规定禁止事项，如随意排放污水、破坏基础处理设施等，同时规定处罚制度，以法律效力来保证部分必要性工作的开展，为后续工作提供保障。建立健全的法律体系让地方政府职权部门可以做到有法可依。澳大利亚就是通过建立完善的法律体系对农村污水问题实施监管，对各种违法行为规定相应的惩罚措施，这也使得相关各方能够明确自己的责任与义务。中国在这方面的法律体系还亟待健全，需要完善法律体系，建立严格的惩罚制度，让想"钻空子"的人不敢触犯法律。

（三）资本市场多元化

通过对比中国现存的几种管理模式可以发现一个共同的特点，就是污水治理都会有政府资金的参与，且通常占主导地位。目前，农村污水治理建设与维护成本主要由政府负担，民间资本投入很少，整体呈现资本结构单一的特点。这就必然影响农村污水治理的成本额度，最终限制其发展。加快推进农村污水处理设施的建设要从两方面入手：一方面，要开放该领域的市场，引入市场竞争机制，充分利用资本效益。这一点，美国在治理空气污染方面的经验是值得我们借鉴的。美国曾经因为汽车尾气问题面临严重的空气污染，之前，政府在要求汽车企业提高尾气排放标准时，汽车企业并不愿意，双方陷入僵局。后来，政府开放了市场，有一家企业表明自己可以达到排放标准以后，其他企业也立刻表示遵守政府的规定，结果美国的汽车尾气污染物排放量一下降为了原来的十分之一。另一方面，提高污水处理的市场需求性，增强市场资本投入的主动性。同时，配合政府协同作用，宏观调控市场朝着可持续方向发展。

（四）处理成本内部化

所谓成本内部化，实质是采取有效措施使污水治理工作可以在较少的政府投资下很好地开展，实现措施主要有收费、排污权贸易、补贴、押金—退款制度和执行鼓励金等。东部沿海一些发达省份的农村，在农村污水处理成本问题上采取了一种类似于建筑行业包干制度的管理模式，即给污水处理企业按照处理水量提供一笔固定的费用，在出水水质达标的前提下，企业可以自主选择处理工艺、管理模式，政府部门不予干涉，处理费用自负盈亏。如此一来，基于利益激励，企业必定竭力寻求成本最低的治理渠道，如开发低成本技术、减少不必要的消耗等。太湖流域的农村就对这种模式进行了探索性的尝试，取得了良好的效果。为了获得更多利润，企业主动研发新的更适合当地实际情况的污水处理技术，从而刺激了相关领域科技创新的积极性，进而推进污水治理事业的发展。

（五）环保意识普及化

环保意识普及主要是为了提高农民的自觉性，让农民自觉治污、维护治污、配合治污、参与治污。目前，中国大多数农村村民的环保意识还不是很强。根据相关学者调查显示，中国有一半以上的村民从来没有意识到水污染的问题，部分村民虽然意识到这个问题，但是觉得以本村目前的情况还不需要考虑污水处理的问题，只有极少数村民认为对村子里的污水进行处理是很有必要的。政府应加大宣传力度，广泛宣传和普及农村环境保护知识，使每一个村民能明白开展污水处理工作不单是政府和职能部门的责任，而是全社会的责任。

（六）责任主体明确化

具体包括清晰的结构层次、明确的责任制度、有效的交叉制约效应。当前中国农村污水处理推行缓慢的一个重要因素就是责任主体并不明确，中央政府、地方政府与村民之间的责任与义务没有清晰地划分出来，各方没法判断自己负责的部分。西方发达国家重视责任明确化，值得我们学习。在西方发达国家，中央政府负责资源的协调、法律的制定；地方政府负责农村污水处理设施的建设、维护与管理；村民作为污水的产生者，要承担主体责任，即需要承担一部分运行维护的费用。

（七）监督受益协同化

监督受益主要是指监督者或为监督提供服务的部门在行使监督义务后会得到一定的报酬，以提供利益的方式激励监督者，达到监督目的，保障污水治理工作的有效性。相关激励形式有予以监督者以剩余索取权、服务性机构连带受益权等。被监督的企业或个人，若超过排放标准则对其罚款，且罚款额度要大于治理达标消耗或增加的投资费用。罚款按一定比例归监管者所有，余款用作"信息基金"的建立、支付监管过程的消费支出。普通人缺乏一定的专业知识，很难准确判断污染程度，需借助专门提供环保服务的单位，环保服务单位会因成功遏制不达标排放而获得连带收益。

（八）管理主体就地化

管理主体就地化的实质是提高农民在治污过程中的贡献力，政府、企业、农民协同管理，提高农民在农村污水治理过程中的主体地位。政府部门与企业在选择工作人员时以当地人为主，就地解决管理人员不足的难题，同时提供专业培训及解决技术问题。如此，不仅可以节约运营的人力成本，而且在开展农村污水治理工作的同时，增加农民就业率，提高当地收入，增强农民支付能力，还能有效拓宽治污成本的来源。

四、农村污水治理财政资金管理的完善策略

（一）完善农村污水治理财政收入资金管理制度

1. 完善农村污水治理税收政策

税收优惠政策对农村生活污水治理具有关键性作用，应当从中国的基本国情出发，顺应中国生态保护与环境治理需求，根据中国社会经济发展状况，把握问题导向，完善环境保护税收政策体系，并确立相关环保事业税收优惠政策。

一方面要丰富环境保护税税种。在绿色税收体系的构架中，环境保护税税种相对有限，只包含了污染类环境保护税。需要丰富环境保护税相关税种，逐步扩展绿色税收体系，将农村生活污水治理相关税收纳入环境税收中。厘清在农村生活污水治理过程中前中后期所涉及的征税内容，明确各税种的用途，发挥税收的作用，在前期建设上提

供相应的资金基础，统筹规划环境保护相关税费收入的高效使用。

另一方面要在税收方面提供优惠。在农村生活污水治理过程中可以不按一般纳税人 16% 的税率计征，比照现代服务业 5% 的增值税率计征，还需要在退税时限上予以明确，实现即征即退。另外，在城镇土地使用税和房产税方面也应当给予相应的优惠，对用于污水处理的房产税和城镇土地使用税，比照由国家财政部门拨付经费的事业单位的房产税和城镇土地使用税的政策予以免征。

2. 确定农村污水排污收费标准与方式

农村居民既是农村生活污水的直接生产者，也是治理结果的受益者。征收农村生活污水的排污费，不仅可以拓宽农村财政资金渠道，还能分担财政的负担与压力。探索建立生活污水治理村民付费制度，一方面，将农村生活污水处理费的收缴纳入村规民约，建立村民分担制，由村民自己负担后续维护费用，政府通过返还的方式进行贴补，同时还应确定农村生活污水排污费征收标准，参照《污水处理费征收使用管理办法》制定农村生活污水处理费征收使用管理办法，明确农村生活污水处理费的征收范围与成本构成，有序调整农村生活污水处理费标准，合理确定收费计征方式。

另一方面，确定农村生活污水排污费征收方式。农村地区不能与城市地区相提并论，城市可以通过自来水费同步收取排污费，所以农村地区应当根据自身实际，多渠道建立污水处理收费方式。例如，分为使用公共供水的个人和使用自备水源的个人，而自备水源的又分已安装和未安装计量设备的、对无自动取水设备或难以伴水征收的个人，严格农村生活污水处理收费的征收管理，或者向具有经济能力的村集体征收运营维护费用；又或者由第三方运营企业通过收取村民相关日常清理费用，如清理堵塞管网、疏通化粪池等增加收入，保证基础设施的稳定运行，达到规范作用，提高村民参与运营维护的积极性，减轻政府的负担。

3. 拓宽农村污水治理多元化资金筹措渠道

政府运用财政政策支持市场机制的介入，吸引社会资金投入农村生活污水治理项目中，构建多元化投资机制，动员多方力量，获取多方的资金。在设施建设上应做到：

第一，积极争取信贷支持，政府可以获取国家开发银行、中国农业发展银行、中国农业银行、中国邮政储蓄银行等机构的支持，通过这些金融机构和商业银行合法合理地发行专项债券，使农村生活污水治理贷款证券化，拓宽社会资金的来源渠道，保障社会资金的实施效果。

第二，政策优惠鼓励社会力量参与。由于农村生活污水处理运行费用高，给予那些愿意参与到农村生活污水治理的企业相应的政策优惠，加大政策扶持力度，如通过减少水电费、财政补助、减少税收、提高贷款额度等方式。国家应当出台相应的用电优惠政策性文件，指导各省（区、市）根据实际情况调整农村生活污水处理设施用电电价；对经济水平相对落后的中西部地区，农村生活污水处理设施用电执行居民生活用电基础电价；实行分时电价优惠政策，可试行"高峰时段电价不上浮、低谷时段正常下浮"。

第三，推广运用PPP模式（即政府和社会资本合作模式，旨在向社会资本开放基础设施建设和公共服务项目）。世界发达国家和地区的经验表明，在农村生活污水治理建设中引入PPP模式，一定程度上可以缓解公共财政投资不足造成的压力，缓和由其引起的供需矛盾，对构建多元化的投入机制有积极的影响；有利于利用市场资本方的先进技术和人力资源，节省建设成本，提高供给质量。针对当前PPP项目引进难、落地难的情况，可以采用"区域打捆"的PPP模式，保证设施能够达到"一次建设、长久使用、持续运行"的目的，这也使政府在费用支出上能够减少成本，发挥环境专业技术单位的优势。综上所述，政府调动社会各界积极参与到农村生活污水治理中，能够提高治理资金的保障能力，优化财政体系，突破资金管理的瓶颈。

（二）完善农村污水治理财政支出资金管理

1. 统筹城乡发展，优化农村污水治理财政资金支出结构

加大农村生活污水治理财政体制改革，推动城乡一体化发展，缩小财政的不平等，厘清各级政府事权和投入责任，优化财政支出结构，建立合理的农村生活污水治理财政制度。

一方面要平衡农村与城市环境保护财政支出结构，财政投入适当向农村地区倾斜。调整农村环境保护财政体制改革和政策，促进城乡在生态环境保护方面一体化。较之于城市而言，农村地区占有大部分国土面积，将环境保护的工作重心转移到广大农村地区后，其资金需求量更大。衡量一个地区的经济发展程度是通过其所取得的成果来判断的，相较于城市地理位置优势与经济发展水平，农村地区多为经济发展落后地区，人民生活水平低，资源不丰富，没有工业支撑，使得地方政府所拥有的财力有限，可以用于治理的资金极为有限。所以，在分配财政资金时，要充分保证农村生活污水治理的财政资金，必须以推进城乡一体化为目标导向，改变城乡环境治理二元结构，实现在环境保护资金方面的城乡平等。

另一方面要正确划分中央与地方的财政事权与支出责任。农村生活污水治理属于地方性事务，具有较强的外部效应，与当地居民的生活息息相关，具有点多面广的特点，很长时期内都是由中央财政给予激励和引导。十八届三中全会明确要求建立事权与支出责任相适应的制度，为保障农村生活污水治理工作的顺利进行，应当推行县乡级财政机构改革，明确各级政府事权和投入责任，转变政府职能，强化基

层财力，完善县乡财政管理体制，将县乡级财政事权与财权相匹配，发挥主观能动性，提高县乡级财政进行农村生活污水治理财政资金管理与利用的能力。

2. 落实农村污水治理财政资金支出管理模式

农村生活污水治理是中国农村环境整治的重要一环，涵盖的工作面广、任务繁多，各级财政在资金上也付出了不少。完善农村生活污水治理财政资金管理方式是关键。

一是深化农村生活污水治理财政资金监管，创新农村生活污水治理制度性规范，细化财政资金使用和监督管理办法。纵观中国农村环保专项资金的管理办法，其中大多数都是暂行办法。在农村生活污水治理财政资金使用和监督方面，绝大多数规定未进行细化与明确，适用即可以相应变通。为了进一步保障农村生活污水治理财政资金管理，需要落实县级报账管理制度，将其统一化，引入中介机构，提高其在评审的占比率，鼓励地方公开报账农村生活污水治理项目建设资金，探索实行"专款专用、专账核算、专人管理"的"三专管理"制度。该制度由乡镇初次审查报账申请，通过后申请报告和相关凭据由县级财政、环保部门提交，复审评估由财政投资评审和中介机构负责。只有通过复审评估后才能拨款，保证"资金拨借、会计核算、报账管理"三方面统一，从而保证对项目资金进行实时监控，真正使得项目资金的使用效益落到实处。

二是推行农村生活污水治理项目村级政务公开制度。选取合适的农村地区进行生活污水治理的试点，将试点项目的执行情况纳入村级政务公开范围，完善项目工程信息披露机制。所有财政资金投入都要入库管理，入库管理的内容就是根据投入形成的项目设施及运营维护状况，对其实现"大数据＋专项资金管理"（即建立专项资金项目信息管理系统），做到实时获取项目资金管理动态。实现公开透明，保证社会主体的知情权，让农民能够切身参与到农村生活污水治理中，及时全面地获取财政资金的分配与使用情况，这样才能保证财政资金的合理使用。

（三）完善农村污水治理财政资金的监督管理制度

1. 深化农村污水治理财政监督管理制度

实现农村生活污水治理财政资金管理监督，保证信息公开化，实现程序正当，是推动农村生活污水项目顺利运行的重要保障。从程序上看，应考核资金预算安排和执行情况，检查各项管理制度是否健全，包括资金管理办法、项目管理办法、档案管理制度、监督检查与绩效考评制度等；要建立健全全国范围的农村生活污染动态监测网络体系以及农村环境信息平台，保证财政资金可以被正确分配和使用。

为满足省环保主管部门、其他政府部门及广大公众的监督需要，保证其能够在网站和平台上随时查询生活污水污染程度及治理现状、治理资金的投入、支出及管理等具体相关信息，要建立贯穿于农村生活污水治理项目申请、评审立项、资金分配、拨付运行、政府采购、项目建设、验收、运行管理等全过程的公开机制，包括编制、执行预算、部门决算等，并将农村生活污水项目在采购过程的程序与价格、工资支出、工程进度与工作量等方面的监管信息进行公开，有效防范财政资金被人控制，避免权力寻租，打造农村生活污水财政资金管理的阳光化、透明化，确保资金使用安全和规范项目的操作运转。

与此同时，在农村生活污水治理设施建设上，市级有关部门和各镇街要简化审批手续，提高服务质量，拓展绿色通道，减收或免收农村生活污水治理设施运行维护管理相关的行政事业性收费，规范相关财政事项管理。从制度的角度建立责任清单制，明确不同层级过程中的责任归属、相关部门在治理过程中的相应责任，依据责任清单来考核政府各部门所处辖区设备建设运行情况、资金使用情况等。同时，还需完善农村生活污水资金使用审计机制。审计重点应当侧重于农村生活污水财政资金分配、拨付、使用和收支管理情况，对项目执行较好、效益投入明显的地区予以优先支持。各地区财政局和环境保护局参照《财政违法行为处罚处分条例》（国务院令第427号）等法律法规的有关规定，完善各地方的专项资金使用奖惩制度，对滥用财政资金的可以实行通报批评、取消申报资格以及停止资金安排或追缴已拨付资金等措施，并追究有关人员责任，构成犯罪的，依法追究刑事责任，以规范化的制度形式将其固定。

2. 健全农村污水治理财政资金绩效评价体系

健全严格的绩效评价体系是规范农村生活污水处理设施运行维护和资金管理的重要保证，依据考核结果来分配财政资金，监督资金分配，切实提高资金使用效益。一方面，引入多元化的评价主体。委托专业的第三方评估，根据委托方要求（委托方是财政部门或预算执行部门），秉持独立客观、严格性与科学性的态度来评估污水治理专项资金的绩效。借助科研机构和专家团队这些第三方的力量，使农村污水治理专项资金预算绩效管理的评估工作形成合力，这样可以使得评估结果更为公正，也能提高工作效率。

另一方面，强化考评结果的应用。坚持奖优罚劣的原则，量化考核评价结果，将其作为分配中央财政奖励资金的参考因素。积极建立"一周一督查，每月一通报，年度一考核"的制度，成立督查小组定期下乡监督检查工作，顺利推动农村生活污水治理工程进度与质量，要认真记录督查结果，每个月的月底整理督查结果并反馈通报。工程完工后会有单位专门组织人员进行验收，验收标准会严格按参考办法进行，先由乡镇、村提出验收申请报告，由市治污办、财政局、纪委监察局等单位来验收。结合治污工程的建设与每月考核检查的结果，验收评定相关的考核村，评选结果为不合格村、合格村和优秀村三档，每年被评为污水治理工程优秀村的比例不得超过20%。若评为优秀村，则给所在乡镇污水处理单项考核适当加分，并给予一定的资金补助奖励；若被评为不合格村，在其所在乡镇污水治理单项考核中适当扣分，同时必须及时整改，整改合格后可下拨补助款，否则就要对补助款项停止拨付。限期整改的工程，发现不改或整改不到位的，对其他项目进行限批，如环保、城乡统筹等，督促其完成整改。

另外，还可以每隔几年对所属区域内所有农村生活污水处理设施进行检查，综合评价后对相关的评价结果予以公开。政府财政部门应该有效地利用农村生活污水治理预算绩效评估的结果，将目前的结果与未来的预算关联，执行结果与下一年度污水治理专项资金的分配进行挂钩，对那些制定合理的预算与执行良好的部门要及时奖励，反之就应当减少该部门明年的专项资金预算。

第五章　乡村振兴背景下农村生活垃圾治理

农村人口占中国人口的比重较大，生态文明和美丽中国建设进程不能落下一个村。习近平总书记十分关心垃圾分类管理工作，多次实地了解基层开展垃圾分类工作的情况，并对该项工作提出明确要求，为进一步做好农村垃圾分类管理工作指明了基本方向。

2019年7月，农业农村部明确指出要积极做好农村生活垃圾的分类管理工作，并就相关问题提出了明确意见。2019年10月，中央农办、农业农村部、住房和城乡建设部召开全国农村生活垃圾治理工作推进现场会，就如何深入学习贯彻习近平总书记重要指示精神、落实好党中央和国务院的决策部署、做好农村生活垃圾治理和分类工作进行了具体安排和部署。2020年4月，修订后的《固体废物污染环境防治法》将生活垃圾分类管理作为基本制度纳入新法并予以专章规定。该法总则第六条规定："国家推行生活垃圾分类制度。生活垃圾分类坚持政府推动、全民参与、城乡统筹、因地制宜、简便易行的原则。"尽管该法并未采用"农村生活垃圾分类管理"等类似的表述，但该法规定的生活垃圾分类管理的国家推动和全民参与原则，要求农村生活垃圾同样需要在坚持因地制宜、城乡统筹的基础上，逐步实行分类管理。该法第四十六条第二款明确指出，"城乡接合部、人口密集的农村地区和其他有条件的地方，应当建立城乡一体的生活垃圾管理系统"，意味着符合条件的农村地区应当和城市一样推进垃圾分类管理改革，同时鼓励其他农村地区积极探索生活垃圾管理模式，因地制宜，就近就地利用或者妥善处理生活垃圾。修订后的《固体废物污染环境防治法》更为科学合理，使农村生活垃圾分类管理已经具备了基本的立法依据，实现了从政治决策、政策协同到法治推进的整体转型，为全面启动农村生活垃圾分类管理改革奠定了坚实的法治基础。

事实上，农村生活垃圾分类管理改革的启动远远早于上述立法安排，改革的力度和范围已经明显超越了学界的预期和立法的原则性要求。在全国层面，《国家乡村振兴战略规划（2018—2022年）》《中共中央、国务院关于建立健全城乡融合发展体制机制和政策体系的意见》《关于加快建立健全绿色低碳循环发展经济体系的指导意见》《住房城乡建设部等部门关于全面推进农村垃圾治理的指导意见》等，即对鼓励有条件的地区推行生活垃圾分类、统筹治理城乡生活垃圾、生活垃圾分类计价等事关农村生活垃圾分类管理改革的重要事项予以了原则性安排。有关农村生活垃圾分类投放、收集、运输、处理和运行管理的国家标准《农村生活垃圾处理导则》已于2018年12月28日起实施，该标准规定了农村生活垃圾处理的基本要求，适用于规划保留的行政村、自然村和农村集中居住区生活垃圾的处理，其他农村区域可参照执行。

2021年《中共中央、国务院关于全面推进乡村振兴加快农业农村现代化的意见》明确指出，要"健全农村生活垃圾收运处置体系，推进源头分类减量、资源化处理利用，建设一批有机废弃物综合处置利用设施"。在地方层面，各地通过地方立法、制定地方标准和实施方案、创建示范村等方式，积极探索符合地方实际的农村生活垃圾分类管理模式。山东、福建、西安等省市已经将农村生活垃圾分类管理改革明确纳入地方"十四五"规划和乡村振兴战略的总体布局。

实行垃圾分类，关系广大人民群众生活环境，关系节约使用资源，也是社会文明水平的一个重要体现。毫无疑问，农村生活垃圾分类管理改革是落实农村生活垃圾减量化、无害化和资源化的重要举措，事关广大农民群众的切身利益和国家的可持续发展，是切实改善农村基本生活环境、全面推进生态文明建设、加快实现绿色发展、共同建设美丽中国的必然要求。既是民生问题，也是发展问题；既是环境问题，也是经济问题；更是检验各级政府治理能力、体现社会文明水平的重要标尺。系统、深入地探讨农村生活垃圾分类管理改革问题，具有重要的理论意义和实践价值。

第一节　农村生活垃圾的特点及危害

一、农村生活垃圾的特点

总体上看，中国现阶段的农村生活垃圾具有量大面广、分布分散、组成成分复杂、有害成分上升和地域差异大等特点，农村生活垃圾治理面临的形势并不乐观。

（一）产生总量大且仍在增长

有关部门调查显示，2021 年，我国农村每天每人生活垃圾产生量约为 0.86 公斤，2016—2021 年五年间，农村生活垃圾人均日产生量增加了约 1/3。农村生活固体垃圾的数量在不断增长，人均排放量接近城镇水平。相关调查还表明，中国农村生活固体垃圾人均日排放量增速快于城镇，且与农民年人均纯收入存在显著的倒 "U" 型曲线关系。基于实践判断，中国大部分农村地区生活垃圾产生量应该还处于倒 "U" 型曲线的上升阶段。随着中西部经济加速发展赶超发达的东部地区，农村生活垃圾的产生量可能会迎来一个迅猛增长的新阶段，垃圾治理也将面临严峻的形势。

（二）组成成分复杂化，有毒有害物质增加

随着农村工业化、城市化的发展以及人们生活水平的提高，农村生活垃圾的种类不断增加，成分逐渐复杂化，由传统的堆肥类垃圾转为以可堆肥类垃圾为主、多种组成成分并存的类型。目前，可堆肥类垃圾占垃圾总量的 60% 以上。由于农村居民生活和消费习惯日趋城市化，生活垃圾的组成和分布特征也日趋城市化，一次性用品、工业制品和塑料制成品也在逐渐增加。以前农村居民不轻易扔的衣物、耐用消费品也逐渐在垃圾中占有一定比例。曾经可当饲料喂养畜禽的剩菜饭、果皮菜叶、农作物藤蔓、秸秆等，现在都成了垃圾。由于塑料等工业制品在农村居民生活中被广泛使用，农村垃圾中有毒有害物质和不易降解物质也越来越多。

（三）人均产生量和构成与地区经济发达程度密切相关

从人均产生量上看，经济发展水平越高的农村地区，人均产生的生活垃圾量越多。早在 2004 年王俊起等人的研究就揭示了这种差异性：北京农村生活垃圾人均日排量在 1.5 kg ～ 3.0 kg，而青海省农村生活垃圾人均日排量在 0.2 kg ～ 1.5 kg。2017 年，有调查显示，农村

生活垃圾产生量总体上呈现出东部高于西部的特点。从构成上看，与城市垃圾相比，农村生活垃圾尽管组成成分上与城市生活垃圾类似，但是在组成比例上却差异较大。农村生活垃圾具有低厨余、低金属和高灰土含量的特点，含水量也高于城市。这种差异性也体现在农村的农业地区和非农业地区：农业地区生活垃圾人均产生量低于非农业地区，垃圾组成成分较简单，以厨余垃圾为主；非农业地区尽管也以厨余垃圾为主，但是组成成分更为复杂，塑料包装等白色垃圾和废旧工业制品占据一定比例。同时，特殊的农村地区，垃圾类型也会有所不同，如旅游发达地区，易燃垃圾含量较高。

（四）南、北方农村生活垃圾人均产生量和构成存在地域差异

从地理上看，中国农村生活垃圾产生量总体上呈现北方高于南方的特点。岳波等人的研究表明，南方农村生活垃圾人均日产生量为0.66 kg，低于北方的1.01 kg。同时南、北方农村生活垃圾的组成成分差异明显。中国南方地区的农村生活垃圾以厨余垃圾为主，占总量的43.56%，其次是渣土，占26.56%；而北方以渣土为主，占总量的64.52%，其次是厨余垃圾，占25.69%。其他组成成分如金属、玻璃和布类则基本相同。这可能与地理特征、生活习惯及经济发展水平等因素有关。

（五）空间分布广而散，随意堆放现象依然存在

从空间分布上看，中国农村村庄内部、村庄之间和村镇之间距离较远。与城镇集中居住产生的生活垃圾相比，农村生活垃圾空间上具有分布广而散的特点，这决定了其在收集和转运上要更为困难。同时，中国仍然有相当一部分农村地区还没有形成有效的生活垃圾处理体系，日趋增长的垃圾产生量与落后的垃圾处理能力之间冲突严重。农

民只能寻求最简便的方式，将生活垃圾随意丢弃堆放在路边，各种类型垃圾混合在一起，污染周围环境。

二、农村生活垃圾造成的危害

（一）污染空气

生活垃圾对空气造成的污染主要体现在以下几方面：第一，农村的生活垃圾经常会被任意丢弃、堆积。在垃圾处理基础设施缺失、垃圾得不到及时处理的情况下，生活垃圾特别是厨余垃圾长时间露天堆积极易腐败。在细菌等微生物的作用下，腐败的生活垃圾会释放有毒气体，如硫化氢气体、二氧化硫气体、甲烷气体等，这些气体在某些环境下如果被不恰当处理，极易引燃，发生爆炸等严重后果。第二，生活垃圾中包含着许多微小的类别，如细小泡沫等颗粒物。这些颗粒物在无人处理的情况下极易随风飘散，成为可吸入颗粒物污染的隐患。第三，使用不恰当的处理方式同样会造成空气污染。在中国农村，生活垃圾处理方式中最常见最普遍的是填埋和焚烧。在对生活垃圾，特别是塑料制品和一次性制品焚烧的过程中，易产生微小的细颗粒物和有害气体，造成空气重度污染。

（二）污染土壤

农村的生活垃圾被随意堆放在空地上会造成土地资源的浪费，而且它们包含较多有害物质，如农药瓶中的残留农药、重金属垃圾中所包含的汞、塑料制品中的有毒成分等。这些生活垃圾里的有害物质会在雨水或者外来水的冲刷下渗入土壤内部，致使土壤混入有害成分，改变原有的土壤属性和构成成分。这些物质很难被发现且在短时间内不易消除，对土壤以及微生物生态系统造成长时间的破坏，进而遏制农业的可持续发展。

（三）污染水源

农村生活垃圾对水体的污染主要体现在以下几方面：第一，被随意丢弃在河道两侧的生活垃圾会随河水或雨水被冲刷进河流里，从而在河底堆积，造成水体污染，情况过于严重时会威胁水利工程的建设。第二，农村地区的生活垃圾里往往含有农药、洗衣粉、洗洁精等有害物质。这些生活污水通过下水道与周围的湖泊河流，极易造成水体的营养过剩，诱发水体的富营养化，威胁水体中原有的生态系统。第三，农村地区的饮用水大部分来自地下水，农民通过钻井来获取日常饮用水和生活用水。被生活垃圾污染的水一旦混入村民日常饮用的地下水，会给村民的健康和生存带来严重的威胁。

（四）制约社会的可持续发展

在中国农村的早期发展过程中，很多地区的村庄以毁坏生态环境、破坏生态系统的代价换取经济发展和生活水平的提高，走上了工业革命时代的老路。但人类对自然的破坏终究需要人类耗费大量财力、物力进行填补，重视金山银山、忽视绿水青山势必难以实现农村经济与生态的可持续发展。农村生活垃圾的乱丢乱扔在初期只是个别现象，但是相关部门的不重视、惩处不到位致使这种现象宛若滚雪球一样越滚越大，演化成为如今的"垃圾围村"这一棘手的难题。除此之外，生活垃圾堆内含有大量的细菌微生物，使得垃圾不断发酵分解成酸性物质和碱性物质，释放大量有害气体，这些物质和气体会对周围住户的人体健康产生威胁。那些残留在水源或者土壤的有害成分跟随生物链最终进入人体，这些物质在人体内大量堆积，对人体器官造成损伤，严重的话可能还会出现癌症。病从口入，生活垃圾造成的污染必然会提高村民的患病率，政府需要投入大量的资金用于提升村民的医疗保障。长此以往，恶性循环，如果政府对生活垃圾治理问题不闻不问，势必会影响农村地区的可持续发展。

第二节 农村生活垃圾分类治理

一、农村生活垃圾治理历程

经济发达的地区首先有了垃圾治理意识。中央政府在总结地方经验的基础上，不断深化垃圾治理的要求，并不断完善相关政策和配套措施。具体地看，可以说经历了起步、"以奖促治"，以及全面重视和专项治理三个阶段。

（一）起步阶段

农村垃圾处理问题在 21 世纪初开展新农村建设和村庄整治时期开始得到关注。2005 年修订版《固体废物污染环境防治法》首次将农村生活垃圾纳入公共管理范围。中华人民共和国农业部（现中华人民共和国农业农村部）从 2005 年 6 月起通过试点示范，在 11 个省251 个村实施了乡村清洁工程。2007 年中央一号文件、党的十七届三中全会及其后几年的中央一号文件都强调要推进农村清洁工程和生活垃圾等的综合治理及转化利用，对农村垃圾治理起到重要的推动作用。

（二）"以奖促治"阶段

2008 年，国务院召开全国农村环境保护工作电视电话会议，明确要求实施"以奖促治"政策，开展农村环境综合整治，解决农村生活垃圾污染等突出环境问题。当年，中央财政设立了中央农村环保专项资金，支持各地开展农村环境综合整治。2009 年 2 月 27 日，国务院办公厅转发了《关于实行"以奖促治"加快解决突出的农村环境问题的实施方案》。同年 4 月，中华人民共和国财政部和中华人民共和国环境保护部（现中华人民共和国生态环境部）印发了《中央农村环境保护专项资金管理暂行办法》，要求开展农村环境综合整治的村庄实施"以奖促治"。一些发达地区的政府也陆续推出农村地区垃圾无害化处理工程。

（三）全面重视和专项治理阶段

2014 年，国务院办公厅印发了《关于改善农村人居环境的指导意见》，同年年底启动了"农村生活垃圾治理专项行动"，提出用 5 年时间实现全国 90% 村庄的生活垃圾得到治理的目标，并建立逐省验收制度。各省区市均制定了相关方案，多数省份落实了专项资金。2015 年 11 月，住房城乡建设部等 10 部门联合印发《关于全面推进农村垃圾治理的指导意见》，明确提出建立村庄保洁制度、推行垃圾源头减量、全面治理生活垃圾、推进农业生产废弃物资源化利用、规范处置农村工业固体废物和清理陈年垃圾等要求。2017 年 6 月，住房城乡建设部公布了首批 100 个农村生活垃圾分类和资源化利用示范县，提出示范县在两年内实现农村生活垃圾源头分类减量覆盖所有乡镇和 80% 以上的行政村，并在 2020 年底前将每年组织公布一批农村生活垃圾分类和资源化利用示范县。2018 年 2 月 5 日，中共中央办公厅、国务院办公厅印发实施《农村人居环境整治三年行动方案》（以下简称《行动方案》）。该《行动方案》确定了农村人居环境改善以农村垃圾、污水治理和村容村貌提升为主攻方向，并根据东、中、西部不同地区的垃圾处理基础和经济发展水平，明确了农村生活垃圾分区域治理目标。《行动方案》提出了农村生活垃圾治理的主要任务是建立健全符合农村实际、方式多样的生活垃圾收运处置体系，推进垃圾就地分类和资源化利用，着力解决农村垃圾乱扔乱放的问题。为强化农村生活垃圾治理，各省区市近几年纷纷出台了农村生活垃圾管理条例或具体办法，以及农村垃圾分类管理办法，这为依法治理农村生活垃圾提供了更具权威性的法律依据。

二、农村生活垃圾分类治理的内涵

2015 年 11 月，住房城乡建设部等 10 部门推出的《关于全面推进农村垃圾治理的指导意见》指出，在 2020 年全面建成小康社会时期，中国农村生活垃圾 90% 以上可以得到有效治理，在治理措施上要推行垃圾源头减量，对生活垃圾进行全面治理。农村生活垃圾分类治理作为农村垃圾治理中的一环，关系着农村环境整治的有效实现。农村生活垃圾分类治理是指由政府牵头，运用财政、法律等手段，对农村地区的生活垃圾按照一定的划分标准进行分类、收集、处理，并提供公共服务的一系列科学有效的治理活动过程。

三、农村生活垃圾分类的现状

面对农村生活垃圾数量不断增长的现实困境，农村生活垃圾分类变得越来越迫切。从中国农村生活垃圾分类的现实情况来看，能够实施垃圾分类的村庄仍以点状分布为主，只有东部沿海地区形成了一些区域性的面状分布。2020 年 8 月，《住房和城乡建设部办公厅关于公布 2020 年农村生活垃圾分类和资源化利用示范县名单的通知》宣布，全国范围内有 41 个县（市、区）成为 "2020 年农村生活垃圾分类和资源化利用示范县"。但从实践情况来看，这些示范县虽然建立了由县级负责同志牵头的工作推进机制，90% 以上的村庄实现了生活垃圾有效收运和处置，却只有 50% 的行政村开展了垃圾分类。而在 "示范县"之外的一般县域，农村生活垃圾分类的比例势必更低，更不用说大范围、大区域内的生活垃圾分类的有效推广。从开展生活垃圾分类较早和较多的东部农村情况来看，不同乡镇、不同村庄的生活垃圾分类也存在着较大差异。有些村庄根据自身村庄特色，能够形成具有长效性的分类机制；有些村庄则为了应付上级检查，在生活垃圾分类上存在"形式化"现象；有些村庄有过生活垃圾分类的实践，却以失败告终。

从当前农村生活垃圾分类情况来看，大部分农村基本是在地方政府的政策推动下开始实行生活垃圾分类，利用地方政府提供的设施、设备、资金等来启动垃圾分类活动。农村生活垃圾分类是一项涉及每一个村民的长期性、系统性社会工程，需要充分发挥村庄的内发性治理优势，否则，农村生活垃圾分类就只能是"昙花一现"。东部地区有相当一部分农村的生活垃圾分类流于形式，缺乏实质内容。例如，虽然在一些村的村委会办公室门口和某些"关键"位置摆放了一些分类垃圾桶，但村民仍然随处扔垃圾。有些村庄，开始的时候通过发放纸巾、食盐、洗洁精等生活用品来激励村民进行生活垃圾分类，但是由于村庄缺乏足够的经费来支持垃圾分类的物质奖励，村民的分类积极性也就慢慢消退了。

从总体上看，当前中国绝大部分农村地区尚未开展生活垃圾分类，只有少数村庄建立了长效的生活垃圾分类体系。就已经开展生活垃圾分类的农村地区而言，存在三种情况：一是结合地方政府和村庄实际情况，有效发动村民实行生活垃圾分类，建立起符合村庄特色的农村生活垃圾分类体系；二是在地方政府政策推动下仅仅做一些生活垃圾分类的表面工作，并没有实质性地推动村庄生活垃圾分类机制的建设；三是前期在地方政府政策推动下开展了村庄的生活垃圾分类，但当前却面临生活垃圾分类行动失败的困境，基本处于停滞状态。

四、农村垃圾分类治理的理论逻辑

（一）政府干预逻辑

农村垃圾分类关系中国生态环境文明建设和资源的循环利用，市场机制不能实现垃圾分类和资源回收利用的最优化。环境和资源作为公共物品，其非排他性和非竞争性决定了政府在农村垃圾分类治理中的主导作用。与城市相比，农村普遍存在垃圾处理基础设施薄弱、资金匮乏、村民垃圾分类观念相对落后等情况，如果政府不介入，势必造成农村环境的持续恶化。另外，从客观条件来说，政府拥有强大的行政资源与合法性基础，是唯一可以强制村民进行垃圾分类的社会机构。目前，在村民垃圾分类意识普遍薄弱、垃圾分类习惯没有养成的情况下，强制推行是最为高效的举措。基于此，政府干预逻辑是农村垃圾分类治理的必然逻辑，也是中国长期以来遵循的社会公共事务治理逻辑。

（二）村民自治逻辑

首先，中国法律明确了村民自治的权利，村民有权对村内事务进行自我管理和自我服务，这也是中国长期坚持的基层自治的主要内容。农村垃圾分类治理属于农村公共事务，由村民自治符合相关法律依据。其次，奥斯特罗姆提出的自主治理理论主张在一定范围内的公共事务治理中，人们通过自主沟通将利己行为和利他行为相结合，能够取得持久的共同利益，这为村民自治提供了理论参考。最后，在农村垃圾自主治理的实践中，各地方也探索出了"龙鹄式""湖淡式""向阳式"等较为成功的治理模式。因此，农村垃圾分类村民自治在理论上和实践上都有其适用性。村民处在垃圾分类治理的第一端口，村民垃圾分类行为直接关系到整个垃圾分类过程的效率。村民态度和感知行为控制是影响村民垃圾分类效果的重要因素，而村民自治是影响村民态度和感知行为控制的最直接途径，也是最有效的途径。由此可知，农村垃圾分类治理不能仅仅依靠政府强制推行，村民自治逻辑是农村垃圾分类治理的又一重要逻辑。

（三）善治逻辑

政府干预逻辑推行的是"自上而下"的强制型农村垃圾分类，村民自治逻辑推行的是"自下而上"的村民自愿型垃圾分类。仅仅依靠政府干预需要花费大量的管理成本，而且政府作为公共机构，在垃圾分类治理中难以克服效率低下的现实困境；仅仅依靠村民自治，由于村民的短视性以及农村垃圾分类基础设施薄弱等现实条件的局限性，在缺少宏观调控和监督的情况下，垃圾分类治理同样难以达到理想的效果。善治逻辑作为"政府干预逻辑"和"村民自治逻辑"的有益补充，主张依靠政府与公民的合作网络来实现公共利益的最大化，强调"多元主义"和"社团主义"。将善治逻辑运用于农村垃圾分类，即构建包括基层政府、村民自治组织、基层社会组织以及私人企业的多维权力中心，来实现分工合作、良性互动、运行协调的共治。善治是"善态治理"的治理结果，更是"善于治理"的治理方式和多中心良性互动的治理过程。善治逻辑将多元治理与和谐治理有机地结合起来，涵盖了政府干预和村民自治的多重逻辑，有效弥补了政府干预逻辑和村民自治逻辑的不足，为农村垃圾分类治理提供了全新的视角。

五、农村生活垃圾分类管理的有利条件

（一）政治法律条件

中国共产党第十八次全国代表大会以来，在习近平新时代中国特色社会主义思想的引领下，中国政治、经济、社会等领域全面改革的步伐明显加快，生态文明建设取得了突出成就，国家的治理能力显著提升。新农村建设、精准扶贫、扫黑除恶、农村人居环境整治等专项工作稳步推进，农村的改革和发展事业出现了前所未有的良好局面。中央一号文件多次强调生活垃圾处理工作的重要性，以法治为后盾加快推进城乡生活垃圾分类管理改革得到了各级政府的高度重视和社会各界的广泛认同。在全国层面，农村生活垃圾分类管理改革的法律依据已经比较明确充分，特别是地方的城乡生活垃圾分类管理立法正在逐步落地落实，各地前期的宣传引导、方案制定和技术设施支撑工作扎实推进，为加快推进农村生活垃圾分类管理改革提供了有利的政治和法律条件。

（二）经济条件

经济发展是环境保护的物质前提，环境治理需要以一定的经济发展水平为支撑。环境库兹涅茨曲线显示，环境污染与经济发展同样具有倒 U 形曲线关系，即在经济发展的早期，环境问题不断恶化，随着经济的持续增长和收入水平的提高，会出现环境质量的拐点，环境质量随后将逐步改善。有学者将该理论运用于废弃物排放增长研究，发现生活垃圾的增长数量与 GDP 之间存在倒 U 型曲线关系，并注意到中国的经济发展已经进入应当加快推进生态环境保护事业的阶段。近年来，中央财政对于农村环境治理的投入逐年加大。同时，城镇化建

设、生态移民、扶贫集中安置等工作加快推进。农村集中居住的人口不断增加，乡村规划更加科学，生活垃圾分类管理改革的实施成本逐步降低。广大农民对于生活垃圾处理的支付意愿和支付能力明显增强，为加快推进农村生活垃圾分类管理改革奠定了必要的经济基础。

（三）社会条件

当前，广大农民对于生态环境治理包括垃圾科学处理的需求已经非常迫切，"绿水青山就是金山银山"的理念已经深入人心，全社会的环保意识已经觉醒。地方政府和农村群众性自治组织积极努力，做了大量的前期工作。城市生活垃圾分类管理的成功试点和全面铺开，为农村生活垃圾分类管理改革创造了有利的外部条件。同时，随着信息化、城市化的发展，农村社会成员之间的沟通互动更加实时、频繁、高效，提升了社会成员之间的信任和约束，农村社会资本获得了新的内涵和发展空间，成为推动生活垃圾分类治理的又一有利社会条件。

第三节　农村生活垃圾治理现状

一、农村生活垃圾治理的困境

（一）缺乏明确的处理标准，治理体系尚未完善

虽说现在有多种有关农村生活垃圾处理方面的技术标准，但总体数量较少，尚未形成完善的法律体系。同时，中国农村生活垃圾处理总体上还处在探索时期，相关法律规定还不太成熟。例如，2005 年重新修订的《固体废物污染环境防治法》虽说已经将农村生活垃圾纳入管理的范围，但是对于广大的农村地区来说，生活垃圾处理还是缺乏相关明确的标准体系，不少管理部门仅仅参照城市生活垃圾处理办法进行管理。而城市和农村在生活垃圾处理方面有着很大不同，并且很多政策规定没有引起相关管理部门和农民的重视，更有甚者，一些农村地区的生活垃圾处理仍处于空白状态。

（二）无害处理技术落后，生态化处理率较低

中国农村的生活垃圾处理大都是通过简单填埋和焚烧来进行的。中国农村生活垃圾处理率每年都有不同程度的提高，如 2017 年农村生活垃圾产生量是 50.09 亿吨，处理量却仅有 31.48 亿吨，虽然处理率已达到 62.85%，但仍有近 20 亿吨的垃圾没有得到有效清理，很多地区因受到技术水平限制而无法做到对生活垃圾进行无害化处理。目

前，中国垃圾处理行业整体仍处于无害化处理的初级阶段，对垃圾处理的无害化处理水平较低，加之农村对生活垃圾处理的重视程度不够，处理技术相对城市来说依然落后，并缺乏一定的技术指导。综上可知，中国农村生活垃圾无害化处理正处于探索阶段，技术水平较低，处理缺乏针对性，缺少资源化利用的设计，难以实现对垃圾资源的最大化利用。

（三）治理结构不合理，管理体系不全面

在农村，治理生活垃圾需要多个部门的参与，既有监督农村环境治理的环保部门，还有负责村镇人居环境改善的住建部门和专管农业废弃物治理的农业部门。各部门分管的侧重点不同，但又有一定程度的交叉，导致农村生活垃圾治理从上到下并没有形成一个完善的治理体系，很容易出现各自为政的现象。

（四）资金筹集困难，运用欠缺规划

资金不到位在很大程度上严重影响了农村生活垃圾处理的进程，以往国家把精力主要集中在城市环境的治理方面，农村生活垃圾的处理仅处于刚起步状态。例如，2012 年中央财政第一次设立了农村环保专项资金 8 亿元，但是与地方财政环保总投入 430 亿元相比，仅占其中的 1.12%，而地方财政的投入也绝大部分用于城市的环境综合治理。资金不到位导致部分农村地区的保洁人员和保洁设施无法得到数量和质量上的保证，环保政策无法实施。资金欠缺还为农村生活垃圾的处理增加了许多的限制条件，导致许多地方政府对于垃圾处理只能望而却步。

二、农村生活垃圾问题归因

农村生活垃圾污染一直是学界普遍关心的问题，不同的学科对这一问题有不同的解释逻辑。制度经济学强调，二元治理体系导致农村环境问题缺乏有效的政策和制度，导致农村生活垃圾问题突出。物质主义则认为农村还处于重经济发展和居民增收的过程，农民缺乏积极参与农村生活垃圾治理的意识。社会行动论则从村民主观感知着眼，认为农村居民缺乏现代化的环保知识教育，政府应该加强环境知识教育和引导，把提升村民环境治理意识和能力作为实现农村生活垃圾治理的有效途径。行政学则从治理盲点出发，认为农村生活垃圾治理缺乏明确的治理主体，住建、环保、农业等多部门之间协调成本高，权责模糊。环境伦理学则从环境正义视角出发，认为长期的环境不公导致农村既要承担城市的垃圾排放又要面对自身的垃圾污染，城乡在垃圾生产和治理上存在不平等现象等。当然，不同的学科视角之间也存在着交叉和相互借鉴。例如，经济学和社会学都强调了长期以来乡村缺乏完善的垃圾治理制度，是造成农村严重生活垃圾污染问题的重要原因；经济学和管理学强调基层组织的管理程序和管理意愿也存在一致性；社会学和心理学共同认为村民参与垃圾治理的行为受到主观意愿的影响，村民对环境的关心程度决定了其是否愿意积极参与垃圾治理实践；法学和社会学则对比了国家治理中自上而下的法律制度安排和自下而上的村俗民约在垃圾治理中的各自作用等。虽然不同学科从不同视角出发对农村生活垃圾问题进行了多面的解读，但综合来看，当前农村垃圾问题产生的原因可以概括为以下三个方面：

（一）以城乡二元分割为核心的体制

城乡二元体制是研究中国农村垃圾问题的一个重要视角，农村垃圾问题的形成与城乡二元体制密切相关。城乡二元结构降低了农村垃圾问题的治理能力，加大了城乡环境差距，是农村垃圾问题产生并加剧的结构性原因。城乡二元体制之间的政策制度差异使得中国在过去长期坚持城乡有别的环境治理措施，造成农村环境的基础设施建设薄弱。此外，在不断推进城镇化进程中，政府公共物品供给的职能"缺位"是农村生态环境问题由潜在风险演变为显在危机的重要原因。制度原因导致农村环境治理的历史"欠账"太多，农村的环境治理等公共服务长期处于自治状态，影响了农村垃圾治理效能。于法稳等人认为，没有足够的资金投入、缺乏精准适宜的技术以及缺乏有效的运营保障机制等是农村环境整治现状中的突出问题。

同时，也有观点强调城乡二元体制之间产生的不平等在农村垃圾问题成因中产生了重要影响。在工业化和城镇化过程中，片面重视生态城镇环境治理及政绩追求，不仅对农村生态环境综合治理采取消极应对的态度，甚至把城镇中的污染企业外迁到农村，将具有潜在污染风险的企业也布局到农村，农村生态环境治理日益边缘化。农村垃圾治理面临的不仅是村庄内村民产生的内生性污染，同时还有城市垃圾向农村转移的外源性污染；农民不仅要承受自身造成的垃圾污染治理负担，同时还要承担城市居民转嫁的治理压力。相对于城市居民而言，农民担负的环境治理责任是不公平的。此外，城市化过程是一个虹吸过程，农村人财物等资源流入城市，乡村容易沦为城市的附庸，这种城乡关系会造成乡村环境的恶化。

（二）农村生活方式的转变

农村不断富裕，农民生活不断改善，农村居民生活方式的转变逐渐凸显成为农村生活垃圾污染的重要原因之一。近年来，农民收入保持快速增长。从 2009 年起，农民人均收入增长速度一直高于城镇居民人均收入增长速度，城乡居民人均收入倍差从 2009 年的 3.33 下降到 2019 年的 2.64。农村居民生活方式和消费方式也发生了显著变化，这些变化客观上带来了新的垃圾污染问题。农村垃圾日趋城市化和复杂化，与传统可堆肥垃圾相比，目前农村垃圾中的一次性用品、不易分解的工业制成品、塑料制成品的种类及数量明显增加，过去农村居民不轻易扔的衣物、耐消品也在目前农村垃圾中占据一定比例。从社会主义新农村建设到乡村振兴战略，如何让农民富裕起来一直是"三农"政策的出发点和立足点。农村新型消费模式一定程度上导致农村生活垃圾的增长。随着农民收入的增加，以白色家电为代表的电器产品在农村普及化，易拉罐、塑料袋、塑料桶等塑料类产品及不可降解的包装废弃物在农村普遍存在，传统的依靠垃圾填埋的方式无法降解这些塑料类垃圾。

（三）村民环境保护行为和意识不足

农村居民作为农村生产生活的主体，是农村垃圾的主要制造者。在相关研究中，学者普遍认为农村居民缺乏环境保护意识和行为、对垃圾治理参与意愿不足是农村生活垃圾问题产生的重要原因。农民的人居环境保护与建设意识淡薄也是导致农村人居环境整治诸多问题的一个重要原因。对比城乡居民的环境关心指数发现，农村居民环境意识和环境保护行为均低于城市居民，缺乏信息及教育程度不高是农村居民对环境缺乏关心的重要原因之一。相关学者通过广东省 5 市数据分析参与垃圾治理环境行为的影响因素及作用机制，认为村民参与垃圾治理的行为不仅需要环境教育、知识、技能等，还需要激发其个人的积极性、自信心和主动性。在生活垃圾投放中，有些村民不愿付出时间和空间成本参与垃圾分类，垃圾分类搭便车行为也很难被发现，导致农村居民乱扔垃圾现象普遍。

第四节　农村生活垃圾治理模式与路径

一、国内外农村生活垃圾治理模式

随着经济的发展，垃圾数量不断增加，全球的环境不断恶化。如何通过良好的垃圾分类管理模式，最大限度地实现垃圾资源的回收利用，减少垃圾的处置量，改善生态环境质量，是当前世界各国迫切需要解决的问题之一。发达国家在该方面的研究已经持续了几十年，生活垃圾处理方式也随着处理技术和经济的发展而变化。

（一）德国农村生活垃圾治理模式

德国的农村生活垃圾处理方式与整个社会的垃圾收集体系密切相关。德国拥有完善的生活垃圾分类收集系统。可回收物质约占生活垃圾产生总量的20%～50%，主要包括轻质包装材料、塑料、废纸、橡胶、纸板、织物、玻璃、铝、铁、其他金属、复合材料等，在分类收集后，直接送入相关的工厂循环利用。可生物降解物质占生活垃圾产生总量的20%～60%，主要包括食品垃圾、庭院垃圾、花园修剪垃圾等生物质垃圾，通过生物降解方式进行堆肥或处理。残余物质是除上述垃圾种类之外的生活垃圾，也被称为剩余垃圾或混合垃圾，主要包括其他的垃圾混合物、砂土、尘土、灰渣等，通过焚烧或机械生物处理方式进行处理，最后进行填埋。总体来看，德国农村目前采取的生活垃圾处理方式，除了处理回收可循环利用的垃圾（包括堆肥）外，主要采取焚烧、机械生物处理（MA、MBA、MBS、MPS）、填埋等几种方式。从 2005 年 6 月 1 日起，德国规定进入填埋场的填埋物总有机碳（TOC）要小于 5%，生活垃圾填埋量明显下降，焚烧和机械生物处理量逐渐增加。

（二）美国农村生活垃圾治理

美国农村垃圾治理主要采取政府购买服务的方式运作。垃圾的收集与转运一般由众多规模较小的家庭公司承担，垃圾处理也全面市场化。村民将垃圾分类并装入塑料袋，放进不同的垃圾桶，然后在规定时间推到马路旁，由这些公司将垃圾桶装入车厢不同的格子里运走。政府如果对某个公司不满意可及时更换，这样对村民影响很小，也使得一些收运公司为争取客户而降低收费标准。针对有机垃圾，政府实施庭院堆肥计划，包括村庄小型堆肥项目和分散家庭式堆肥项目。很多家庭在厨房安装了小型破碎机，用以处理有机垃圾，使其能流入下水道冲走。对于垃圾处置设施，政府实行"政府投资、私人经营"的模式。政府设立了专门的理事会或基金会来管理环卫资金，一般要求村民每月缴纳一定的垃圾管理费。此外，一些州政府出台了垃圾分类指南，并制定了严格的监管措施，对垃圾分类不到位的居民给予处罚。美国政府购买服务的程序大致分为四个环节：一是制定战略规划与实施方案，明确购买目标、方式、价格和期限等内容。二是选择合作伙伴，签订购买合同。三是强化监督管理，在垃圾分类、收集、运输和处置各环节，对相关主体实行全方位管理。四是开展绩效评估，从成本节约、绩效提升等方面对政府购买服务系统进行考核。某机构曾对美国 300 多个地方社区垃圾管理情况进行调查，结果显示，私营机构承包相比政府直接提供服务节约成本约 25%。

（三）中国农村生活垃圾治理模式

1. 山东省寿光市城乡环卫体系

城乡环卫一体化工作是寿光市建设美丽乡村、助推百姓幸福生活的一项民生工程。近年来，寿光市环卫部门围绕"改善城乡人居环境，服务全市均衡发展"的思路，创新机制，强化措施，逐步完善了农村垃圾处理基础设施建设，建立村庄保洁队伍，农村生活垃圾实现了统一清运处理，农村基础环卫设施和清洁服务条件得到改善，在山东省率先实现了城乡环卫一体化全覆盖，建立了长效机制。

为推进这项工作，寿光市成立了专门领导小组，各镇街道设立了环卫所，负责村庄的日常保洁。寿光市政府相继出台《城乡环卫一体化实施办法》《城乡环卫一体化实施办法补充规定》《农村环境卫生保洁垃圾清运考核办法》等系列文件，对村庄保洁及生活垃圾的收运方式、人员配备、监督考核等都做了明确规定。寿光市城乡环卫一体化工作也荣获了全国环卫行业创新奖。寿光市环卫部门相关负责人表示，"随着寿光工作机制的有效运转，原来村民眼里卫生的'挠头事'化解了，远离城镇环卫的'末梢处'消失了……城乡处处成为百姓的美丽家园"。寿光市建立了由市、镇街、村三级承担的资金保障机制，由市财政根据各镇街的财力状况按照 30%、50% 和 70% 的比例给予补助，并统筹使用。寿光市洛城街道韩家牟城村，赶上实施城乡环卫一体化，被纳入了环卫统一管理体系，村里的垃圾有地方倒、有人拉、有人处理，垃圾问题迎刃而解。而且，随着环境的改善，村民的生活卫生习惯也有了很大改变，有垃圾都自觉倒进垃圾桶或者直接倒进村头的垃圾池。

为不断完善城乡功能、方便群众，寿光市按照"统筹规划、合理布局、城乡一体、综合利用"原则，持续加大民生资金投入，大力配套建设环卫基础设施，优化了环卫基础设施布局。投资 1.5 亿元扩建了生活垃圾处理厂，建设了 21 座压缩式垃圾中转站，购置了 300 多部农村垃圾运输车，在村庄设置了 18 640 个垃圾桶。投资 5 亿元建设了日处理能力 1 000 吨的生活垃圾焚烧发电项目。设置了 700 多个大棚秸蔓暂时存放点，建设了 19 个大棚秸蔓资源化利用项目。日益完善的环卫基础设施保证了农村垃圾"收集运输全封闭，日产日清不落地"，同时也为推动寿光市城乡文明建设提供了坚实保障。寿光市城乡环卫一体化的实施，不仅使农村环境卫生状况得到翻天覆地的变化，也使村民们切实体会到了整洁的环境带来的身心愉悦。

2. 山东省"昌邑模式"

近年来，昌邑市城乡环卫一体化工作成为一大亮点，全国小城镇和村庄垃圾治理专家座谈会与会专家、学者将其称为"昌邑模式"，在全国推广。521 项环卫服务标准通过国家标准化管理委员会专家组验收，5 项晋升为山东省地方标准。通过市场化运作，让全国 48 处城乡共享"昌邑模式"红利……自 2008 年开始，昌邑市顺应广大群众的迫切要求，以"城乡统筹、资源整合、动态管理"为原则，按照"先试点、后推开"的工作思路，先城中村、后镇街区驻地、再农村三步实施了城乡环卫一体化。在不到一年的时间里，全市 691 个行政村全部实行一体化管理。从那时起，行业的目光、媒体的目光开始聚焦一个主题——昌邑环卫。"昌邑模式"包括在机制、技术、管理方面的一系列创新举措，脚踩市场、创新管理、创建品牌，环卫事业越走越宽阔，成为全国同行业学习和借鉴的样板。

为有效推进一体化进程，昌邑市将全市镇街区驻地和农村的环卫工作全部委托环卫局，由"户、村、镇、市"四个管理主体变为一个管理主体，实行"一杆到底"的管理机制。在此基础上，创新"统一收集、统一清运、集中处理、资源化利用"的垃圾收集处理新模式，下设 10 个镇街区环卫所，配备专业机械和专业队伍，对全市 691 个行政村进行统一标准保洁，实现了垃圾"收集运输全封闭、日产日清不落地"。此外，昌邑市按照"谁产生、谁付费"的原则，建立了"政府主导、群众参与、多元投入"的资金保障机制，环卫费用由市镇两级财政承担 60%，村集体出资或村民"一事一议"筹资承担 40%（每年每户承担 60 元）。这种收费模式从根本上平衡了市民和村民的利益，调动了农民自觉保持卫生的积极性，为城乡环卫一体化长效健康发展提供了可靠保障。从 2008 年昌邑市推行城乡环卫一体化至今，昌邑市环卫事业迎来了裂变式发展：环卫工人人数从 260 人发展到 3 200人，环卫作业车辆从 17 辆增加到 320 辆，环卫保洁面积从 212 万平方米扩大到 1.544 亿平方米……原本不起眼的环卫工作竟做成了全国瞩目的大事业。为了在全国推广"昌邑模式"，昌邑市大胆创新，成立了国有制的昌邑市康洁环卫工程有限公司，确立了"走出昌邑，走向全省，面向全国，进军大、中城市进行保洁"的长远发展目标，相继在全省各地成立了 40 多个项目部，托管保洁总面积达 2.2 亿平方米，总营业额达 1.38 亿元。在省内"开花结果"后，昌邑又将目标锁定全国大中城市。先后与多个大中城市洽谈保洁托管事宜。目前，全国 48 个城乡已经以不同形式享受到"昌邑模式"带来的红利，昌邑环卫成为对外展示昌邑市形象的一张新名片。

二、中国农村生活垃圾治理路径

（一）提高生态责任意识，完善农民参与机制

1. 开展生动有趣的教育活动

对受教育水平有限的农民而言，生动有趣的教育活动比索然无味的宣传教育更能吸引他们的兴趣，增强村民接受的意愿。首先，邀请

相关方面的专家学者开展讲座，采取实地教学形式，与村民展开双向互动，加强村民对环境保护的了解；其次，与高校合作，让高校学生固定下乡入户对口村民，针对村民家中的垃圾实地教导，加深村民对生活垃圾分类的了解；最后，村委组织自行拍摄垃圾分类知识传授小视频，并在现场请村民演示分类，充分调动村民的积极性。

2. 加强农村中小学教育

农村中小学生是农村未来的希望，所以，提高生态责任意识应坚持从小做起，从娃娃抓起。首先，设置垃圾分类知识小讲堂和实践小课堂，学校每周要安排固定的课堂时间对学生进行垃圾分类教育，让学生知道垃圾该归为哪一类，没有归类会对环境产生哪些不良影响；其次，布置家庭分类小任务，学生回家之后和家长共同进行垃圾分类活动，让孩子从小接受生态文明知识教育，主动参与垃圾分类活动；最后，组织垃圾分类竞赛，学校可以每学期举行两次垃圾分类小竞赛，并邀请家长和孩子共同参与，给予优胜者一定的奖励。这样不仅可以调动孩子的积极性，也变相在家长间营造了垃圾分类的氛围。从孩子做起，可以无形中影响家长的行为，孩子则在潜移默化中将垃圾分类作为一种本能和习惯。

3. 开展多种方式的环保教育

首先，开通村镇公众号，每日分享垃圾分类小知识或者小视频，时刻宣传生活垃圾分类的好处；其次，印发垃圾分类宣传手册，在村庄公告栏张贴垃圾分类知识的宣传海报，或者在村庄宣传栏绘制以卡通人物为主的垃圾分类连环画，时刻宣扬环保理念；最后，欢迎公益组织的参与，组成志愿服务小组，向村民宣扬科学的环保理念，普及生态知识，倡导科学的垃圾处理方式，整体营造村庄的生态环保氛围。保证村民自觉主动地规范自身垃圾分类行为，树立"爱护环境，人人有责"的理念。

4.建立村民意见沟通反馈机制

加强村委会建设，增强其凝聚、管理能力，使之成为凝聚村民意见并具备沟通反馈职能的平台。第一，根据当地的社会基础结构，建立专门的工作小组，合理分工。对内能够定点准确有效地吸收民意，对外可以联系上级部门或相关社会组织。第二，完善工作机制，小组成员定期集中讨论村民的意见、困难等，并想办法给予及时解决，不能解决的困难汇总定期上报，同时及时向农民宣传国家政策和社会动态。第三，制定村规民约和垃圾分类奖惩办法，激励村民积极参与。第四，加强农村公共生态环境建设，增强村民的责任感和集体凝聚力。

（二）改进管理体制，完善社会协同参与机制

1.加强对市场的培养

培养市场主体，有助于推动垃圾分类处理的有效运转。根据公共治理理论，农村生活垃圾分类处理不仅需要农民自觉主动的分类行为，也需要依赖市场手段的加持。首先，政府要加强对市场参与主体的培养，通过人才政策、税收减免政策等加强对人才的培养，重视人才的作用，积极招揽人才为市场注入新的活力；其次，政府要重视科技创新，加大扶持力度，鼓励企业技术创新，实现农村垃圾分类处理技术新突破；再则，政府要协同建立专门的交易市场，营造良好的市场环境，吸引农民的参与；最后，政府要培育新兴的绿色生态和环保企业，健全市场准入门槛，扶持新兴企业，培育良好的技术市场环境，实现传统技术的变革。

2.加强对公益组织的培养

所谓公益组织，泛指具有公益性或者非营利性的社会组织，以社会公益事业为主要追求目标。公益组织可以为农村生活垃圾分类提供

一些必要的理念和资金支持，在一定程度上弥补政府的不足。公益组织可以向农民宣扬生态理念，传授环保知识，动员村民行动起来，培育积极的村庄文化，推动垃圾分类的落实，共同建设文明村庄。培养公益组织，首先，可以借助城市公益组织的力量，加强对农村公益组织的倾斜和扶持，保证城乡公益组织共同发展；其次，政府应主动加强对公益组织的引导，发挥沟通协调作用，保证公益组织能够参与统一政策；最后，向社会推广公益组织，推动公益组织发展壮大。

3.加强政府的管理、引导职能

政府在农村垃圾分类过程中不仅需要加强引导职能，还需要强化管理职能，了解各方信息，统筹协调各方力量为农村生活垃圾分类服务。首先，县、市一级的高层领导应该明确农村垃圾分类处理分工，对下级职能部门进行强化管理，加强职业引导，保证相关部门重视农村垃圾分类；其次，县市一级的高层领导要确定农村垃圾分类未来的发展方向，努力吸引更多的社会力量积极参与到垃圾分类中；再则，协调各方的有效需求，对于不同地区的不同需求，合理配置资源；最后，制定合理的政策与措施，保证农村生活垃圾分类处理产生较好的社会效益。

（三）明确权利义务，完善相关法律机制

1.制定专门的农村生活垃圾分类法

现有的专门针对农村生活垃圾分类的法律基本上都是地方性立法，缺乏更高法律位阶的中央立法，约束力不足，不利于农村生活垃圾问题的解决。再加上涉及农村生活垃圾分类相关的法律法规众多，这种"九龙治水"的管理模式已经不能满足农村生活垃圾分类的需求。为了更好地解决农村生活垃圾问题，有必要在国家层面制定专门的农

村生活垃圾分类法，使之成为制定农村生活垃圾分类相关法律法规的"母法"。在制定专门的农村生活垃圾分类法时，应该明确立法的目的是保护农村生态环境，促进农村经济和社会的可持续发展，其基本发展方向是实现农村生活垃圾减量化、无害化和资源化的处理。农村生活垃圾分类立法还应在环境权理论基础上，充分体现环境的公平正义。

针对农村生活垃圾中厨余垃圾所占比例较大的特点，应该把生活垃圾源头分类作为生活垃圾减量化的重要方向。综合考虑农村的经济及交通状况，应该把生活垃圾就地资源化作为主要处理方式。所以应该通过立法明确农村居民参与垃圾分类投放的主体责任，明确农业主管部门、农业技术开发部门等相关部门的主体责任，以促进农村生活垃圾就地资源化的实施、促进生活垃圾分类与农业产业的融合。在农村生活垃圾分类的各环节中，应该明确各环节的责任主体，规定各责任主体的权利和义务。农村生活垃圾分类过程中各责任主体权益的维护与保障也需要有相关法律作为依据。

在制定专门农村生活垃圾分类法过程中，应该着重从以下几个方面入手：

一是以垃圾资源化技术为导向，健全农村生活垃圾分类制度。农村生活垃圾源头分类是农村生活垃圾实现资源化利用的前提，垃圾源头分类的好坏直接影响垃圾资源化、减量化、无害化的效果。通过立法完善农村生活垃圾分类制度有利于促进农村生活垃圾源头分类。在立法完善农村生活垃圾分类制度的过程中，应该坚持以生活垃圾资源化技术为导向，并依托农村现有的资源化技术和农业产业，以便更好地适应当地农村实际。农村具备较好的生活垃圾分类和资源化基础，但从调研情况来看，农村生活垃圾分类推行效果却不尽如人意，其根本原因在于缺乏科技支撑。科学技术能够引导完善生活垃圾分类标准，提高生活垃圾资源化效率，进而提高生活垃圾分类的经济性，促进农村生活垃圾分类的实施。在立法完善农村生活垃圾分类制度过程中，应该明确农村居民、政府、企业等相关责任主体在垃圾分类投放、分类相关标准的确立、资源化技术开发等方面的责任，加强政府引导，促进企事业单位积极开展与农村生活垃圾分类相关的科技创新，不断完善农村生活垃圾分类制度。

二是健全农村生活垃圾分类资源化体系。生活垃圾分类资源化效果直接影响农村生活垃圾分类工作的实施，影响农村居民参与农村生活垃圾分类的主动性和积极性，甚至影响国家乡村振兴的发展大局。所以，在通过立法完善农村生活垃圾分类制度时，应该明确生活垃圾分类资源化方向和标准。农村生活垃圾分类资源化方向和标准的明确，应该以当地农业为基础，以农村生活垃圾分类法律法规为指引，资源化标准应该以农业技术为前提。生活垃圾资源化方向的确定不仅能够验证生活垃圾分类制度是否合理，而且能够引导农业产业的绿色发展。农村生活垃圾资源化标准的确立，不仅可以强化农村生活垃圾分类的管控，而且可以量化生活垃圾资源化成果，促进政府、科研机构、农村居民等生活垃圾分类的相关责任主体积极参与农村生活垃圾分类的相关工作。

三是构建完善的垃圾回收体系。垃圾回收体系的建立有利于促进农村生活垃圾分类的实施，所以应该通过立法明确垃圾回收主管部门、回收企业及个人的主体责任，以促进垃圾回收体系的构建。

可回收垃圾回收方面：

可回收垃圾的回收是农村生活垃圾减量化、资源化的重点方向之一。就这部分生活垃圾而言，其回收价值并不是特别高，再加上回收距离相对较远、回收成本高等因素，抑制了农村可回收垃圾回收网络的形成。一般而言，回收价值较高的垃圾，农户会自主存留，等待专门回收的企业或个人上门回收，而其他如玻璃、纺织物等低价值的可回收垃圾一般较少人回收。垃圾的产生与制造、使用、回收等环节相关，在制定可回收垃圾回收网络的过程中，应该充分考虑源头减量化，如制定合理的产品包装标准，制造端需要承担一定的回收责任；垃圾产生者承担一定的垃圾处理责任；可回收垃圾回收端的企业应该承担一定的社会责任，垃圾回收企业不能只拿利益（只回收高回收价值的垃圾），不承担责任。由此看来，农村生活垃圾回收网络的建立需要通过法律手段，明确生活垃圾回收企业或个人的主体责任，才能更好地促进农村居民积极主动参与农村生活垃圾分类。

有害垃圾回收方面：

近年来，农村废旧的电池、电灯、油漆桶、农药包装物等有害垃圾日益增多，已经成为破坏农村生态环境的重要因素。由于农村居民居住分散，交通不便利，少有回收人员和机构进入农村对这类垃圾进行专门的回收。这类垃圾很多都混在可回收垃圾中被回收了，这有可能导致有害垃圾的危害扩散，所以有必要对有害垃圾进行专项回收。在《固体废物污染环境防治法》的基础上，进一步完善农村生活垃圾中有害垃圾的回收、转运和无害化处理等环节，明确回收各环节的责任主体。对于有害垃圾的处理，应引入生产者责任延伸制度，明确应该由制造者承担回收义务，采取溯源管理，明确有害垃圾的去向，采取以旧换新、有价回收等模式，做到有毒垃圾可追溯、能回收、可处理。

四是制定合理的农村生活垃圾收费制度。农村生活垃圾分类需要建立长效机制。合理的农村生活垃圾收费制度是建立农村生活垃圾分类长效机制的重要举措，不仅能够为农村生活垃圾分类制度的建立提供资金保障，同时能够促进农村居民积极参与生活垃圾分类。垃圾收费制度建立的目的不是谋得国家财富，转嫁国家财政资金压力，而是作为平衡农村生活垃圾分类的经济管控手段，实现农村生活垃圾分类可持续推进。所以应该通过立法明确农村居民的生活垃圾付费义务，促进农村生活垃圾收费制度的建立。在建立垃圾收费制度的过程中，应该综合考虑当地农村的经济状况、农村居民的可接受意愿、垃圾分类细致程度以及人均垃圾排放量等因素，实行差异化的收费制度。对于经济相对落后、垃圾分类细致程度高、人均垃圾排放量低的区域可以适当降低收费标准。另外，应该采取垃圾按量收费的收费制度，有效抑制农村居民生活过程中垃圾的产生，以促进垃圾源头减量化。

五是完善农村生活垃圾分类宣传教育制度。生活垃圾分类宣传教育是促进公众参与的有效手段。由于宣传教育不足，农村生活垃圾分类尚未完成行为普及，公众参与度还比较低，这也是农村生活垃圾分类推行效果不理想的主要原因之一。完善农村生活垃圾分类宣传教育制度，应该重点从以下两方面入手：

第一，明确生活垃圾分类宣传教育责任主体。农村生活垃圾分类宣传教育涉及的教育对象众多，所以宣传教育不是仅靠村级党委或是学校等教育机构就能完成的，必须明确垃圾分类宣传教育的责任主体是地方政府及相关部门，充分发挥政府的统筹协调能力。

第二，建立生活垃圾分类宣传教育工作评价机制。在明确了生活垃圾分类宣传教育的责任主体后，就需要建立一套完善的宣传教育工作评价机制，促进宣传教育工作的开展。具体可以采取量化评价的方式，对生活垃圾分类宣传教育的方式方法、教育频次、教育队伍建设、教育设施完善程度、教育实施的效果等方面进行评价，以促进生活垃圾分类宣传教育工作的开展。

2. 完善与农村生活垃圾分类相关的法律法规

农村生活垃圾分类不仅涉及环境保护方面的基本法，还涉及《固体废弃物污染环境防治法》等法律法规，生活垃圾资源化方面也涉及众多的法律法规。生活垃圾堆肥方面，涉及《农业法》《农业技术推广法》《土壤污染防治法》《肥料管理条例》等，这些相关法律法规中还有很多需要完善的地方。例如，《农业法》中对于农药、肥料等的使用要求是不具体的，应该进一步细化农药、肥料等的具体使用标准和要求，增加每亩田地有机肥的使用要求和标准；家庭养殖方面涉及

《动物防疫法》《兽药管理条例》《畜禽管理条例》《中华人民共和国渔业法》《畜牧法》等，这些法律法规中涉及家庭养殖的较少。例如，《畜牧法》中更多针对的是养殖场或养殖小区。总之，农村生活垃圾分类相关法律法规的完善都需要以垃圾资源化相关标准为指导，才能建立更为细致、更符合农村实际的法律法规，才能更好地促进农村生活垃圾分类资源化，更好地促进农业产业兴旺，促进乡村的振兴发展。

3. 完善农村生活垃圾分类的地方立法

中国地缘广阔，存在明显的区域差异，期望通过仅制定一部专门的农村生活垃圾分类法来解决所有农村生活垃圾问题显然是不现实的。因此，需要根据不同区域农村的实际，因地制宜地进行地方立法。农村生活垃圾分类地方性管理条例是构建农村生活垃圾分类法律体系的重要组成部分。农村生活垃圾分类的地方立法有其特殊性，地方立法应该更注重农村生活垃圾分类制度的落实，结合农村实际，针对不同的区域、农村居民生活习惯的差异、农业产业的差异进行差异化的农村生活垃圾分类立法。例如，针对南方和北方农村地区存在的气候、生活垃圾特征、生活习惯等差异，制定不同的垃圾分类方法和垃圾资源化路线。

立法还应考虑邻近城市的农村地区和相对偏远的农村地区的差异。靠近城市的农村，种植基本实现机械化，家庭养殖相对较少，农民生活过程中产出的厨余垃圾，其资源化方向应该主要以垃圾堆肥为主；偏远的农村地区，主要以农业种植为主，且一般会存在一定的家庭养殖，应该鼓励农民将这部分农村家庭的厨余垃圾优先用于家庭养殖，在养殖过程中产出的粪污再进行堆肥处理。考虑不同农村地区的农业产业结构差异，不同农村地区的种植作物不一样，对于肥料的要求也不一样，垃圾堆肥的技术需求也会有所区别，对生活垃圾分类的要求也会有所区别。由此可以看出，要将农村生活垃圾最大限度地资源化，需要通过地方立法制定差异化的农村生活垃圾分类管理条例，做到不同农村地区制定不同的法律，做到因村施策，才能更好地推动农村生活垃圾分类制度的实施。

（四）健全农村生活垃圾分类监督管理制度

1. 明确监管责任主体

农村生活垃圾分类制度的建立需要充分发挥各职能部门的监督管理作用。农村生活垃圾分类涉及的部门众多，不仅包括发改委、规划、环保、公安、商务、交通运输、教育、科技、农业等部门，还涉及基层党委、村组及农村居民，可见其管理难度之大。因此，在农村生活垃圾分类环节应该通过立法明确农村居民参与垃圾分类的主体责任和垃圾分类的相关标准；明确村级党委、村组的监督管理责任；垃圾收集环节应该明确村级党委的主体责任和村级保洁的工作职责要求；垃圾转运环节应该通过立法明确乡级党委的责任和外包企业的转运要求；资源化处理阶段应该充分发挥农业和科技部门的带头作用，规划好辖区内的农业产业方向，制定相应的生活垃圾资源化技术路线，乡镇负责监督管理，村级党组织和村组负责指导实施。只有形成这种自上而下、多部门协同的工作机制，才能更好地促进农村生活垃圾分类的实施，促进美丽乡村的建设和乡村振兴发展。所以，为了更好地促进农村生活垃圾分类，应该通过立法明确监管责任主体，以完善农村生活垃圾分类立法。

2. 基层监督管理制度化

农村社会是一个人情社会，农村基层党委具有较强的号召力和推动力。农村生活垃圾分类制度的执行离不开农村基层党委的大力配合，所以应该通过立法明确基层管理部门的主体责任，以促进制度化的农村基层监督管理机制的形成。具体而言，可以采取村民委员会统一协调，分村组、分片区监督执行的方式，形成网格化的监督管理体系。同时应该重点完善村委会、村小组的日常垃圾收集及卫生保洁制度，加强村级垃圾收集队伍的建设和培养，做到垃圾及时清理。村委和保洁员的工作情况接受全体村民和上级卫生管理部门的监督。对于农户而言，要做到门前"三包"，在生活垃圾分类投放过程中接受村委巡视员和保洁员的指导和监督。总体而言，要形成一套自下而上、相互监督、共同促进的监督管理体系。

3. 强化农村生活垃圾分类监管制度的执行

农村生活垃圾组成成分的复杂程度不如城市，处理技术的难度也不如城市大，关键是能否从源头进行分类减量化和资源化。由于农村地广人稀，生活垃圾分类的管控难度大于城市，因此管理队伍的建设非常关键，将直接影响相关制度的执行。有法不依、违法不究现象在农村生活垃圾分类制度实施过程中时有发生，这也是农村生态环境恶化的重要原因，所以加强农村生活垃圾分类的相关管理是非常必要的。在强化制度的执行过程中，首先通过立法明确各责任主体的责任，让生态环境部、住房和城乡建设部、农业农村部、村民委员会、村民等相关责任主体知道自己的职责范围。在明确职责范围的同时，加大相关考核力度，如对于村民来说，可以建立生活垃圾分类评分制度，评分结果与垃圾收费标准、农业补贴等挂钩，以促进村民积极主动地参与农村生活垃圾分类；对于其他相关职能部门的考核，可以提高其在农村生活垃圾分类方面的考核权重，以促进各职能部门发挥各自的监督和管理责任。强化舆论监督，通过网络和媒体等各种渠道，建立农村生活垃圾分类公众监督管理体系，让农村生活垃圾分类的各项制度能够正常运行，促进农村生活垃圾分类各项工作的有序推进。

（五）加大技术研发，完善资源回收利用机制

1. 制定统一的垃圾分类标准

统一的垃圾分类标准不仅有助于确定农村地区的垃圾分类方法，方便村民互相交流、分享经验，而且有利于后期垃圾集约化处理，实现垃圾循环利用。

以浙江省农村地区为例，目前，浙江省农村地区的垃圾分类标准有二分法、三分法，也有四分法，标准不一的垃圾分类方式不利于提高垃圾分类的成效。为此，建议制定浙江省统一的分类标准——三分法，即干垃圾、厨余垃圾和有害垃圾。厨余垃圾是浙江省生活垃圾的主要组成部分，包含人们日常生活中的剩饭、剩菜、菜叶等，可以通过集中堆肥、沤肥的方式变成有机肥，用于农业生产；干垃圾包括人们日常生活中的废旧纸箱、瓶子、衣物等，可以采取售卖或者捐赠的方式实现有效处理；有害垃圾则是人们生活中淘汰下来的废旧灯管、旧电池以及农业生产中的农药瓶等，要采取集中回收、统一处理的方式解决。

2. 实施产品包装回收

当前，部分村民无法正确进行生活垃圾分类，是因为无法准确区分生活垃圾投放的具体类别。为了改变这一现状，建议制定产品回收包装制度，严格注明产品包装的回收方式。制定产品回收包装制度是学习借鉴德国的绿点产品，绿点意味着公司对产品包装自产自收。企业可以在本公司的商品包装上印刷产品的回收类别，对不同类别的产品包装采取不同的标记方式，如干垃圾可以印一个黄色的圆点，有害垃圾印上红色小圆点，简单明了。这一举措不仅可以解决村民的困惑，也便于资源的回收利用，从而推进农村生活垃圾分类的顺利落实。

3. 建立灵活的回收机制

首先，垃圾回收中心可以开通电话预约。村民对于家中激增的可回收垃圾，以及旧电冰箱、旧洗衣机、旧家具等大型家具家电，可以直接给回收中心打电话约定具体的上门回收时间，既方便村民，也减少回收中心的成本消耗。其次，政府可以开通可回收垃圾网络预约公众号。在公众号中可以提前一周申请上门回收，如果有突发情况，可以在三天之前取消，这样大大提高了回收的工作效率。最后，固定上门回收。村委会可以和垃圾回收中心达成一致意见，每个月的某个时间固定进村回收。

4. 实施市场化运作

再生资源回收利用作为一项重大举措，需要借助市场的力量实现再生资源的市场化运转。一方面，建立多渠道的资金筹集制度。单纯依靠政府的财政投入，难以实现垃圾分类的长远发展，必须坚持以市场为重点对象，统筹农民和公益组织资金补充的多元资金筹集制度。另一方面，加强与企业的沟通、合作。农村地区应积极与相关环保节能企业沟通、交流、合作，欢迎、支持企业在本地区建立一定规模的再生资源回收利用站点及分拣中心，健全"回收—分拣—处理"三位一体的再生资源回收利用体系，保证垃圾全程不落地。这样既减少了环境污染，也实现了资源利用最大化，真正做到了垃圾资源化。

第六章　山东省农村生态环境污染治理

中国共产党第十九次全国代表大会指出，实施乡村振兴战略，要坚持农业农村优先发展，按照产业兴旺、生态宜居、乡风文明、治理有效、生活富裕的总要求，加快推进农业农村现代化。习近平总书记把生态文明上升到人类文明形态的高度，提出"生态兴则文明兴，生态衰则文明衰"，把生态文明建设作为中国共产党贯彻全心全意为人民服务宗旨的政治责任，把生态文明建设作为满足人民群众对美好生活需要的重要内容。要想实现生态宜居、绿色发展，就必须研究农村生态环境治理中存在的种种问题，并找到解决问题的具体办法，为农村的绿色发展及乡村振兴提供参考。

山东省农业经济一直是全省经济发展的重要组成部分，在全国农业经济发展中处于前列。全省有行政村 8 万多个，农业人口 5 600 多万人，占全省总人口的 58.9%。山东省农村在做出巨大贡献、创造显著经济效益的同时，也面临着日趋突出的生态环境问题。这些问题制约了山东省农业与农村经济的可持续发展，对农产品质量安全、人民群众身体健康构成较大的现实和潜在威胁。

当前学术界对于山东省农村生态环境治理的专业性研究较多，为加快山东省农村环境治理指明了方向。王慧卿在《山东省农村生态环境问题现状及分析》中论述了山东省农业面临着日趋突出的生态环境问题，并指出山东省的农业生产过程中存在农用化学品的不合理投入，农业废弃物地膜、畜禽养殖粪便的不合理处置等问题，使得全省农村生态环境形势严峻，许多地区土壤、地表水与地下水受到不同程度污染。高新昊等在《山东省农业污染综合分析与评价》中，从化肥、畜禽粪便、生活排污、秸秆、农药、地膜六个方面分析了目前山东省农业污染的主要影响因素，提出山东省农业污染治理要强化源头预防，发展化肥等农用化学品的高效施用技术和畜禽粪便等农产废弃物的资源化利用技术。于龙昌在《农村环境治理问题及对策研究——以阳信县为例》中，以山东省阳信县作为个案进行研究，通过分析县域环境治理现状和农村环境治理中存在的主要问题，从完善农村环境治理的法律法规、加强对农村环境问题的监管、加强对保洁公司的监管、加大对农村环境治理资金的投入，以及加大对农村环境保护的宣传力度五个方面，提出了解决中国农村环境问题的对策。李俊良等在《农业生态环境保护与山东省的生态省建设研究》中指出，山东农业生态系统恶化、水土流失严重，化肥、农药、薄膜、畜禽养殖、农村生活污染等农业内外源污染日益突出，只有倡导绿色消费、推行农业清洁生产、发展生态农业、开发特色无公害绿色食品，才能促进生态农业的良性循环，实现山东农村经济的可持续发展和生态大省强省的目标。

学术界也有些整体性研究值得借鉴。毛平等在《乡村振兴战略背景下的农村生态文明建设路径探析》中，从农村生态文明建设的意义、农村生态文明建设存在的问题入手，从加强顶层设计、加强科技创新、加强法治建设、加强农村基础设施建设四个方面指明了建设农村生态文明的具体路径。李云在《美丽乡村建设背景下农村生态环境治理对策研究》中，从加强对农民的宣传教育、发展生态农业、加强农村环保基础设施建设、加强农村生态文明制度建设，以及科学规划农村生态环境五个方面，简要总结了农村生态环境治理的对策。这类研究着眼于中国农村全局生态环境治理，对于山东省农村的生态环境治理缺乏针对性。基于此，在习近平生态文明思想的指引下，需要进一步研究山东省农村生态环境治理中存在的突出问题，并探讨加快山东省农村生态环境治理的举措。

第一节 山东省农村生态环境治理的现状与意义

一、山东省农村生态环境治理现状

当前，山东省生态建设已全面启动。农村环境的好坏不仅直接关系到农业生产、农村经济发展和人民生活质量的提高，对山东省的生态建设及农业的可持续发展都起着非常关键的作用。农业生态环境保护已经成为山东省生态建设中一项紧迫而又艰巨的任务。但从现实来看，全省农村生态环境形势严峻，许多地区土壤、地表水与地下水受到不同程度污染。总体来看，山东省农村生态环境治理有可喜的进步，但也存在亟须解决的问题。

（一）山东省农村生态环境保护取得的成效

山东省各级政府更加注意农村的生态环境保护，并取得了明显的成效。2017 年 4 月 24 日，山东省人民政府印发《山东省生态环境保护"十三五"规划》，对于农村生态环境治理提出了整体要求。中国共产党第十八次全国代表大会以来，山东省委省政府按照党中央决策部署，积极推进生态文明建设。特别是省第十一次党代会以来，山东省积极贯彻落实习近平总书记关于生态文明建设的一系列新理念、新思想、新战略，采取了一些根本性的举措，出台了一些开创性的政策，推动实施了一系列打基础、利长远的工作，生态文明建设取得突破性进展。在此背景下，山东省各级政府扎实推进农村的各项生态环境治理工作。

第一，加强农村环境综合整治。深入推进美丽乡村标准化建设，以农村改路、改电、改校、改房、改水、改厕、改暖的"七改"工程为重点，全面改善农村环境面貌。完善了农村生活垃圾"村收集、镇转运、县处理"模式，加快整治"垃圾围村""垃圾围坝"等问题。

第二，控制农业面源污染。山东省各地逐渐落实全省农业面源污染综合防治方案，引导农民使用低毒、低残留农药，推广测土配方施肥、精准施药技术和机具，禁止使用不符合农业灌溉标准的污水灌溉农作物。坚定发展生态农业和有机农业，加强绿色食品和有机食品生产基地建设，增加有机产品供给。

第三，进一步防治农村养殖污染。市、县级政府制定本辖区畜禽养殖禁养区、限养区和适养区划定方案，并逐步依法关闭或搬迁禁养区内的畜禽养殖场（小区）和养殖专业户。大力支持畜禽规模养殖场（小区）标准化改造和建设，配套建设粪便污水贮存、处理、资源化利用设施。防治渔业养殖污染，严格控制河流、湖泊、水库等水域水产养殖容量和密度，南四湖、东平湖等重点湖泊实行湖区功能区划制度和养殖总量控制制度，禁止人工投饵网箱、围网等养殖方式。

第四，进一步强化农村废弃物综合利用。以畜禽养殖和农业种植有机废弃物为重点，推进农村废弃物收集、转化、应用三级网络建设，加大政府扶持力度，逐步提高农村生产生活废弃物处置利用的规模化、专业化和社会化，带动农村环境质量和环保工作水平的整体提升，并加强了重点区域和重点时段秸秆禁烧监管。

（二）山东省在农村生态环境治理中出现的问题

作为农业大省，在农村生态环境治理中，山东省仍然存在三大类污染：

第一，农业生产污染。农业种植中化肥、农药超标使用，地膜和秸秆污染问题突出。山东省农村化肥、农药的总施用量总体呈波动上升的趋势，过量的化学品残留于土壤中或进入大气、水体，对产地环境构成生态影响。在山东省农村特色农业种植地区，地膜的广泛使用极大地提高了经济效益，也造成了极为严重的"白色污染"。据统计，中国使用的地膜仅有不到30%的回收率，大量地膜残留在土壤中，对土壤整体性和通透性造成了破坏，特别是对土壤容重、土壤含水量及土壤孔隙度等物理性状影响极大，进而影响到作物产量的增加，并导致作物品质的下降。玉米秸、麦秸、花生秸与棉花秸是目前山东省农作物秸秆的主要组成部分，其中玉米秸与麦秸占秸秆总量的72.3% ～ 78.1%。近年来，随着社会的发展与人们生活水平的提高，农村生活用能结构发生了较大改变，生活用秸秆数量大幅度减少，而现代科学的秸秆利用方式尚不成熟，目前全省农作物秸秆的综合利用现状并不理想。据相关调查研究，仍有50%左右的秸秆被焚烧或废弃，造成严重的环境污染与资源浪费，并成为农业污染的一个重要污染源。山东省是中国家禽养殖业最发达的地区，家禽饲养量和出栏量均居全国之首，家禽养殖产生的粪便也给农村生态环境带来巨大危害。

第二，农村生活污染。作为农业大省，山东省的农村人口基数较大、占比较高，接近全省总人口数的60%。农村经济欠发达、基础设施相对滞后，加上农村居民居住相对分散以及环保意识欠缺等原因，使得农村环境污染的治理难度相对较大，生活排污是造成农村环境污染的一个不容忽视的重要因素。随着农业经济和城镇化的不断发展，农村劳动力逐渐向城镇迁移，农村人口逐年减少，农村生活排污对农村生态环境的影响正逐渐减弱。

第三，部分乡镇企业在生产经营活动中违规排放污水、废气。山东省乡镇企业创造的工业增加值逐年增加，对增加农民收入发挥了重要作用。但从现实来看，乡镇企业布局分散，资源能源消耗大，部分乡镇企业产能落后，再加上部分地区环境监管存在漏洞，使得一些乡镇企业在生产经营的过程中破坏了当地的生态环境。

在生态环境治理过程中，山东省存在以下问题：第一，地方各级政府在环境治理中还是存在唯城市论的错误思想，对于农村的生态环境治理关注和投入不足。第二，虽然，农民参与农村生态环境治理的积极性有很大提高，但促使更多农民参与农村生态环境治理的具体制度要进一步明确，既要有一些奖励性措施，也应有一些明确的处罚性措施。第三，特色农产品种植和养殖地区对于改善农村的面源污染工作仍存在"金山银山"与"绿水青山"的矛盾，甚至在全面建成小康社会经济指标的压力下，矛盾更凸显。第四，农民保护生态环境的思想在进步，但生活习惯的改善落后于对农村生态环境治理的要求。

二、山东省农村生态环境治理的重大意义

（一）理论意义

加快推动山东省新农村建设的现实需要。实施农村生态环境治理是为了实现中国共产党第十九次全国代表大会及中央农村工作会议所提出的农村生态宜居的必然要求。在大力发展经济的同时，还要大力推进农村生态环境治理，打造适宜居住的美丽乡村。

满足人民群众对美好生活的需求。现在山东省农村整体经济发展较快，在物质生活条件不断改善的当下，人民群众对农村的生态环境

也提出了更高的要求。

推动农村可持续发展的需要。要全面建成小康社会，山东省农村必须走绿色、可持续发展的道路，更加注重生态环境治理。

生态环境保护要全国一盘棋，城市农村要一体推进。只有更好地加强农村的生态环境治理，才能总体推进生态文明建设。

（二）现实意义

山东省农村环境治理工作能促进美丽乡村建设。开展农村生态环境治理工作不仅仅是清洁卫生，使得农村居民的生活居住环境得到有效改善，更为关键的是它可以使农民的思想观念和生活方式发生新的变化。和谐、整洁、文明、有序的农村环境也会使身在农村的群众感到安心、舒心，从而更好地满足人民群众对美好生活的追求。

山东省农村环境治理工作能提升山东省农村居民的环境保护意识。农村生活压力较大，农民既有经济压力，又有医疗、养老等多方面的负担，这使得在农村生态环境治理中，农民的积极性普遍不高。通过政府主导，实实在在地改善农村的生态环境，才能让农民真正认识到改善生态环境的重要性。

山东省农村环境治理工作可以有效促进社会公平。当前，山东省对城市环境治理工作投入较大，城市生态环境在持续改善，城市居民享受到了更好的生活居住环境；而对生活在同一省份的农村居民的生态环境改善力度不够，仍然存在较大的城乡差异。

第二节　山东省农村生态环境治理的新举措

山东省生态建设目标的实现不能避开农村生态环境的进一步治理和改善。在新时代，面对山东省农村生态环境治理中存在的新问题，必须从实际出发，因地制宜地采取措施，促使山东省农村生态环境走上生态宜居、治理有效的发展道路。

第一，进一步提高农民的生态保护意识，倡导绿色生产、绿色生活。一些农村基层领导对于环境保护工作的重要性缺乏认识，一些农民和乡镇企业的领导、职工甚至还不知道《环境保护法》。因此，要做好农村环境保护工作的宣传教育，逐步在农村普及环境科学知识。通过加强领导，切实将环保工作列入重要议事日程，采取坚决措施，控制环境污染，这是保护和改善农村生态环境的必然要求。

第二，推行农业低污染生产。利用乡镇科技站对农民进行必要的低污染农业生产培训，努力降低化肥、农药的滥用以及养殖业的过度污染。探索建立农业生产低污染农资使用的财政补贴制度，既可以降低农民的经济负担，也会改善农药残留等一些常见却久拖未决的生态问题。

第三，加强引导乡镇企业的健康发展，减少农业环境外源污染。乡镇企业的大发展促进了农村经济的繁荣，提高了人民的生活水平，但随之而来的是把大量的环境污染问题引入了农村生态环境中。这个问题解决不好将成为制约农村生态环境治理的关键因素。因此，各地环境保护部门要加大执法力度，鼓励群众合法举报，切实改变"生产发展了，生态环境却破坏了"这一恶性循环。

第四，坚定推进农村生活污染的生态改造。在改造中，政府要进一步加大投入，切实减轻农民的经济负担，保护农民参与治理农村生态环境的积极性。完善的环境设施建设能够提高居民的环保意识、规范居民的日常环保行为。城市生态环境保护之所以能够取得良好的效果，是因为城市大多拥有完善的基础设施建设，具备齐全的环境保护设备。而农村的环境设施建设和环保设备远远落后于城市，导致农村居民缺乏正确的环保理念和规范的环保行为，因而出现了许多严重污染和损害生态环境及水土环境的情况，广大农民群众的身体健康和生活质量也因此受到了很大的影响。部分农民群众在生产生活中也学习了一定的环保知识，希望减少环境污染和对生态环境的破坏，但是农村环境设施建设的落后和欠缺，导致他们无法很好地处理生活垃圾，只能跟大家一起将其随意排放和处理。

从人口、资源、环境和生态现状看，如果不走生态环境可持续发展道路，不仅能源资源难以满足农民的生产生活需要，生态环境也将无法承载。农业是国民经济的基础，农业生产是以农业自然资源和良好的农业生态环境为基础的，离开了这一基础，就谈不上发展农业。农业的好坏直接取决于农业生态环境质量的优劣，保护良好的农村生态环境，是实现农业生产发展增收和提高农村群众幸福指数的基本前提，是为子孙后代造福的大事。

参考文献

[1] 常亚轻，黄健元 . 项目进村与社区回应：农村生态环境治理机制研究 [J]. 河海大学学报（哲学社会科学版），2021，23（5）：94-100，112.

[2] 邓元，李丽，杨晓梅，等 . 农村黑臭水体的成因及治理策略 [J]. 广东化工，2022，49（2）：77-78.

[3] 顾树宏 . 乡村振兴战略视域下的农村生态环境治理创新模式 [J]. 现代营销（经营版），2021（12）：84-86.

[4] 韩汉 . 河长制下农村水生态环境治理及保障机制探讨 [J]. 山西农经，2021（22）：129-130，133.

[5] 韩妮妮，施晔，翁映标 . 农村水源地生态环境治理与修复技术探讨：以西牛潭水库为例 [J]. 水利发展研究，2021，21（11）：118-121.

[6] 郝云东，周学锋 . 农村生活垃圾分类处理问题及对策研究 [J]. 农村经济与科技，2022，33（1）：214-216.

[7] 何俞鸿 . 乡村振兴背景下农村生态环境研究 [J]. 山西农经，2022（4）：112-114.

[8] 金晶 . 农村生态环境建设的法律问题与应对 [J]. 农村经济与

科技，2021，32（18）：243-245.

[9] 阚子祥. 我国农村生态环境治理现状及路径 [J]. 乡村科技，2021，12（28）：112-114.

[10] 李汉彬. 农村畜牧养殖环境污染与治理探究 [J]. 南方农业，2021，15（29）：6-7.

[11] 李浩，郑重. 东北农村水生态环境问题及治理保护 [J]. 东北水利水电，2021，39（11）：37-38.

[12] 李建坤. 加强农村生态环境综合性高效治理的路径研究 [J]. 山西农经，2021（24）：132-134.

[13] 李力，郑东. 乡村振兴下饲料企业支持农村生态环境治理及其发展：评《饲料质量评估与安全管理》[J]. 中国饲料，2021（20）：156.

[14] 李鹏英. 美丽乡村背景下的农村生态环境治理分析 [J]. 资源节约与环保，2021（9）：19-20.

[15] 李欣. 乡村振兴战略背景下农村生态环境治理的对策研究 [J]. 当代农村财经，2021（10）：27-30.

[16] 李玉. 农村生活垃圾处理现状与资源化利用 [J]. 农家参谋，2021（24）：193-194.

[17] 刘杏梅. "十四五"时期农村生态环境治理和保护面临的问题及对策 [J]. 乡村科技，2021，12（32）：106-108.

[18] 吕建华，朱梦瑶. 村民参与农村公共环境治理的集体行动探究：以山东省烟台市 W 村为例 [J]. 环境保护，2022，50（Z1）：80-85.

[19] 吕馨怡. 乡村振兴背景下我国农村生态治理路径探析 [J]. 热带农业工程，2021，45（6）：116-118.

[20] 马志鹏. 标准化视角下的农村生活垃圾分类处理研究 [J]. 清洗世界，2022，38（2）：157-159.

[21] 毛渲，王芳 . 城乡融合视角下的农村环境治理体系重建 [J].
西南民族大学学报（人文社会科学版），2022，43（3）：190-196.

[22] 潘雅辉 . 浙江地区农村生态环境污染问题及治理对策研究 [J].
农业经济，2021（11）：40-42.

[23] 秦斌 . 浅析农业经济的发展与农村生态环境的保护 [J]. 山西
农经，2021（19）：117-118，121.

[24] 曲丽萍 . 农村畜禽养殖对环境污染及对策探索 [J]. 中国畜禽
种业，2020，16（10）：31.

[25] 任晓婷 . 公共治理视域下的农村生态环境保护策略 [J]. 环境
工程，2021，39（10）：268.

[26] 沈贵银，孟祥海 . 多元共治的农村生态环境治理体系探索 [J].
环境保护，2021，49（20）：34-37.

[27] 沈玉君 . 探索适宜农业农村特点的生活垃圾处理利用之路 [J].
农村工作通讯，2021（24）：54.

[28] 石自正，何小莉 . 畜禽养殖污染成因及治理对策研究 [J]. 畜
禽业，2021，32（9）：77-78.

[29] 谭伟，张建国，李德魁，等 . "十四五"期间农村生态环境
治理的思考与建议 [J]. 环境生态学，2021，3（10）：44-46.

[30] 王波，车璐璐，戴超，等 . 农村生活污水治理：从理论、实
践到决策 [J]. 环境保护，2022，50（5）：13-18.

[31] 王红梅 . 农村水环境污染现状及治理对策探讨 [J]. 农家参谋，
2022（1）：166-168.

[32] 王娇娇 . 美丽乡村下农村生态环境污染问题及治理措施 [J].
农村实用技术，2022（1）：125-126.

[33] 王铁军 . 农村畜禽养殖污染及治理策略 [J]. 畜禽业，2021，
32（12）：82-83.

[34] 王晓莉，何建莹 . 农民参与农业农村生态环境治理的内生动

力研究：基于五个典型案例 [J]. 生态经济，2021，37（10）：200-206.

[35] 吴爱莲. 乡村振兴背景下农村生活垃圾治理问题探究 [J]. 智慧中国，2022（1）：88-89.

[36] 夏艺璇. 乡村振兴战略下农村生态环境多元主体协同治理研究 [J]. 湖北农业科学，2022，61（2）：195-198.

[37] 杨红香，荆彦婷. 我国农村生活垃圾分类治理研究 [J]. 山东农业大学学报（社会科学版），2021，23（4）：93-97.

[38] 杨金茂，孙克. 农村生态环境污染治理的法律思考 [J]. 四川环境，2022，41（1）：250-256.

[39] 杨燕敏. 农村畜禽养殖废水污染及防治对策 [J]. 资源节约与环保，2021（6）：84-85.

[40] 余贵忠，杨再忠. 农村生态环境治理中环境司法与行政执法协同机制探析 [J]. 治理现代化研究，2021，37（6）：85-92.

[41] 余其安. 乡村振兴背景下农村生态环境治理的路径 [J]. 乡村振兴，2021（10）：84-85.

[42] 鱼鹏，杨婷. 农村畜禽养殖环境污染现状及治理对策 [J]. 吉林畜牧兽医，2022，43（1）：103-104.

[43] 张彬. 乡村振兴视野下农村生态环境问题研究 [J]. 山西农经，2022（3）：133-135.

[44] 张海玉. 农村畜禽养殖环境污染现状分析及治理对策探讨 [J]. 畜禽业，2021，32（9）：82，84.

[45] 张甜甜. 我国农村生态环境治理对策研究 [J]. 智慧农业导刊，2021，1（22）：102-104.

[46] 张万青. 农村固体废物污染整治策略 [J]. 资源节约与环保，2021（7）：112-113.

[47] 赵国党，董荷兰. 河南省农村生态环境治理质效提升机制研究 [J]. 许昌学院学报，2021，40（6）：104-110.

[48] 赵萌 . 村民对生活垃圾分类冷漠的原因分析及微治理破解 [J].
农业与技术，2022，42（2）：102-105.

[49] 赵岩 . 农村生态环境治理对策分析 [J]. 南方农业，2021，15
（36）：8-10.

[50] 周芙蓉，赵朝霞 . 农村分散式畜禽养殖污染防治探究 [J]. 畜
牧兽医科技信息，2021（2）：35.